问对问题赢学习

DeepSeek
中小学生使用攻略

夏俐
书虫

机械工业出版社
CHINA MACHINE PRESS

在人工智能时代，如何借助AI工具提升学习效率、构建成长型家庭关系？本书共6章，专为中小学生和家长打造，以生动案例与实用方法开启高效学习与智慧陪伴的新路径。

本书针对中小学学生群体，以他们在学习上普遍存在的难点、痛点为切入点，系统讲解如何向DeepSeek提出精准问题，帮助他们将AI转化为24小时在线的超级导师。针对家长读者，本书则聚焦智能时代的家庭教育，揭秘如何通过DeepSeek搭建亲子对话桥梁，让科技成为家庭亲子共同成长的催化剂。

全书融合教育心理学与AI技术应用，配有彩色插画和实景对话示例，既是学生自主学习的实践指南，也是家庭教育的智能工具书。

图书在版编目（CIP）数据

问对问题赢学习：DeepSeek中小学生使用攻略 / 夏俐编著；书虫绘图. -- 北京：机械工业出版社，2025.4. -- ISBN 978-7-111-78260-5

Ⅰ. TP18-49

中国国家版本馆CIP数据核字第2025LA0638号

机械工业出版社（北京市百万庄大街22号　邮政编码100037）
策划编辑：熊　铭　　　　　责任编辑：熊　铭　彭　婕
责任校对：贾海霞　陈　越　责任印制：张　博
北京联兴盛业印刷股份有限公司印刷
2025年5月第1版第1次印刷
145mm×210mm・5印张・94千字
标准书号：ISBN 978-7-111-78260-5
定价：59.80元

电话服务	网络服务
客服电话：010-88361066	机　工　官　网：www.cmpbook.com
010-88379833	机　工　官　博：weibo.com/cmp1952
010-68326294	金　书　网：www.golden-book.com
封底无防伪标均为盗版	机工教育服务网：www.cmpedu.com

前言 FOREWORD

亲爱的小朋友!

你好,我是一个喜欢研究各种奇妙问题的大朋友。今天,我想和你聊聊一个正在改变世界的技术——AI(人工智能)。

你可能已经发现,AI正悄悄进入我们的生活:手机里的语音助手、能自动解题的学习软件、能写诗作画的AI机器人……

AI时代已经来临,而你,正是这个时代的"原住民"。未来,AI会成为每个人必备的工具。谁能更好地掌握AI,谁就能在学习和未来的竞争中占据优势!

我要向你推荐一个强大的AI助手——DeepSeek(深度求索)。它像一位"超级家教",能够理解你提出的问题,还能帮你解答学习上的各种难题,帮你解决生活中的诸多困扰。

在这本书里,我会教你怎么向DeepSeek高效提问,让它成为你学习道路上的得力助手。书中详细介绍了如何通过精准提问获取高质量的回答,如何利用DeepSeek拆解学习任务、制订科学的学习计划,以及如何将枯燥的知识转化为有趣的游戏和挑战。

无论是语文的古诗文背诵、数学的逻辑推理,还是英语的单词记忆和语法学习,DeepSeek都能为你提供量身定制的解决方案。

特别值得一提的是,书中还融入了许多前沿的学习理论,如费曼学习法、艾宾浩斯遗忘曲线等,并结合DeepSeek的功能,将这些理论转化为可操作的实践步骤。我希望通过这些方法，让你不仅能提高成绩，更能培养出终身受益的学习能力和思维习惯。

作为一名毕业于清华大学的博士、现为中山大学教授，我深知技术的价值在于应用。DeepSeek不仅仅是一个工具，它更像是一位耐心的导师，能够陪伴你高效走过学习的每一个阶段。无论是成绩落后时想逆袭，还是成绩领先时的再进阶，它都能为你提供最有力的支持。

当然，技术再好，也需要你的主动参与和不懈努力。DeepSeek是座宝山，而能够从它那里挖掘并获取的东西才是属于你的。我不希望你只会依赖DeepSeek，而是希望你借助DeepSeek成为最棒的自己！

> 中山大学教授，清华大学博士，斯坦福访问学者。长期从事强化学习等人工智能领域研究，发表论文100余篇，获中美专利10余项。主持国家级项目多项，曾获教育部高等学校自然科学奖、广东省哲学社会科学优秀成果奖等学术奖励。

目录

前言

一 智能时代的"高分神器"

- 01 成绩逆袭的时代来了 …… 002
- 02 把"智能家教"请回家 …… 006
- 03 使用 DeepSeek 很简单 …… 008
- 04 成为提问"小能手" …… 013
- 05 避免落入提问陷阱 …… 020

二 高分素养训练营

- 01 学习可以很好玩 …… 024
- 02 DeepSeek 为你开启学霸之路 …… 029
- 03 DeepSeek 让你成为时间管理大师 …… 039
- 04 DeepSeek 帮你提升专注力 …… 044
- 05 超能交流大师 DeepSeek …… 048

三 全能语文导师

- 01 为我定制书目，培养阅读兴趣 …… 052
- 02 做好阅读计划，成为阅读达人 …… 057
- 03 助你轻松背诵古诗文 …… 061
- 04 快速生成古诗文知识图谱 …… 064
- 05 打造要点明确的学霸笔记 …… 070
- 06 DeepSeek，你的超能写作助手 …… 073

四　专职数理教练

- 01　DeepSeek 帮你建立高效错题本 …………………… 080
- 02　快速培养举一反三的能力 …………………………… 084
- 03　费曼学习法——深度理解的奥秘 …………………… 088
- 04　苏格拉底提问法让学习一步一个脚印 ……………… 093
- 05　DeepSeek 帮你突破数学思维瓶颈 …………………… 098
- 06　让科学知识有趣起来 ………………………………… 103

五　高效英语助手

- 01　用英语单词创作趣味对话 …………………………… 108
- 02　巧用单词设计游戏 …………………………………… 112
- 03　艾宾浩斯遗忘曲线，单词记忆的法宝 ……………… 118
- 04　英语不是"单词堆堆乐"，语法才是你的超能力 …… 123
- 05　在趣味故事中学英语的法宝 ………………………… 126
- 06　创造或模拟真实对话场景，让口语水平突飞猛进 … 130

六　让亲子交流更顺畅

- 01　DeepSeek，教育方法大师 …………………………… 136
- 02　亲子趣味游戏设计 …………………………………… 140
- 03　孩子学习进度全跟踪 ………………………………… 144
- 04　孩子未来的规划建议 ………………………………… 148
- 05　带孩子更好地玩转 AI ………………………………… 152

一

智能时代的"高分神器"

01

成绩逆袭的时代来了

让成绩逆袭的"家庭教师"

刘立曾是班里学习差的同学之一,成绩总是"垫底"。老师和爸妈都为他发愁。他对学习也似乎总是劲头不高。

然而,一个寒假过后,刘立的成绩突然像坐了火箭一样提升,学习的劲头也提高了。大家都惊讶不已,纷纷询问他的秘诀。刘立笑着说:"因为我找到了一个超强的'家庭教师',而且还是免费的!"

那么,这个神秘的"家庭教师"是谁呢?

它就是人工智能工具 DeepSeek。

DeepSeek 不仅能根据刘立的学习情况定制专属学习计划,还能够帮助刘立发现学习的乐趣,提供个性化的学习辅导。而且它还全学科精通,不仅能批改作文,还能解答数学难题,甚至模拟英语情景对话,让刘立在学习中找到自信和成就感。

那究竟什么是 DeepSeek 呢?

DeepSeek 是什么

DeepSeek 是一种人工智能工具。Deep 意为"深度",Seek 意为"求索",合在一起就是"深度求索"。它是人工智能领域中大语言模型的一员。你可以将它理解成一个超级聪明、但没有形体、只能住在你的电脑和手机等电子产品里的机器人。DeepSeek 还有一些功能类似的"兄弟姐妹",比如豆包、Kimi、ChatGPT 等。

DeepSeek 能像人一样理解你的话语、思考分析问题、查找资料,甚至帮你解决那些让你感到头疼的复杂问题。

大语言模型

回答问题

写出文章

计算数学

逻辑推理

DeepSeek 也需要学习

DeepSeek 并不是一开始就很聪明，它跟我们一样，也需要学习。

它的学习方式就是科学家们给它大量的数据和资料，让它通过不断地分析和理解，逐渐提升自己的能力。就像我们通过做题和阅读书籍来学习一样，DeepSeek 也在不断地"修炼"自己。科学家们还会定期更新它的知识库，更新它的"算法"——也就是它的"思考方式"，让它变得更加聪明。

"修炼"到一定程度后，DeepSeek 就可以开始帮助人们工作和学习了。

当你询问它一个问题时，DeepSeek 就会根据它学到的知识来回答你的问题。

例如，你问它"地球离火星有多远"，它会这样回答你，如图 1-1 所示。

> 地球与火星的距离是不断变化的，因为两颗行星都在围绕太阳以不同的速度和轨道运行。它们的距离范围大致如下：
>
> 🌏 火星与地球的距离范围
>
> 1. 最近距离（最近点）：约5,460万公里（0.365 AU）
>   - 发生在火星冲日（地球位于太阳和火星之间）时，约每26个月出现一次。
>   - 例如：2020年10月6日，火星距离地球约6,200万公里。
> 2. 最远距离：约4.01亿公里（2.68 AU）
>   - 发生在火星合日（火星和地球位于太阳两侧）时。
> 3. 平均距离：约2.25亿公里（1.52 AU）

图 1-1 DeepSeek 回答地球与火星距离示例

而且，DeepSeek 还会在跟我们的交流过程中不断改进自己。你每提问一次，它都会记录你的问题，分析你的需求，从而调整回答内容，使其逐渐变得更加精准和贴切。这种互动式的学习模式，使得 DeepSeek 在每一次对话中都能获得成长，最终成为我们非常贴心的智能助手。

02

把"智能家教"请回家

我们要怎么把 DeepSeek 这个"智能家教"请回家呢?

想要使用 DeepSeek 这个"智能家教"非常简单。我们在电脑中的浏览器或手机上的应用商店里搜索 DeepSeek,就能找到它的官网或手机应用。

如果是在手机应用商店,我们只需要单击"安装"按钮就可以了,看清楚,它的标志是蓝色的小鲸鱼,如图 1-2 所示。

图 1-2　应用商店里的 DeepSeek

如果你用的是电脑,找到 DeepSeek 的官网后,可以在主页单击"开始对话"选项,直接在网页上使用;也可以单击"获取手机 App"选项,通过扫码下载 App 安装到手机里使用,如图 1-3 所示。

图 1-3　DeepSeek 官网主页

别着急，想要真正使用它，我们还需要做一件事，那就是注册和登录 DeepSeek。无论是电脑版还是手机版，都可以使用手机验证码或密码登录，还可以用微信登录，如图 1-4 和图 1-5 所示。如果你没有手机或微信，可以让爸爸妈妈帮忙注册登录。

图 1-4　电脑版 DeepSeek 登录界面

图 1-5　手机版 DeepSeek 登录界面

一　智能时代的"高分神器"

使用 DeepSeek 很简单

登录完毕后，我们就可以看到一个聊天框和一些功能按钮，如图 1-6 和图 1-7 所示，这就是它的聊天界面。想要使用它很简单，只要在聊天框中（红框标识位置）输入你想要问的内容，就可以跟它交流了。

图 1-6　电脑版 DeepSeek 聊天界面

图 1-7　手机版 DeepSeek 聊天界面

轻松搞懂 DeepSeek 功能

在这个聊天界面，除了聊天框，我们是不是还可以看到一些功能按钮，它们分别是做什么用的呢？

`深度思考(R1)` 按钮，当它没有被点亮时，跟你聊天的是 DeepSeek 的 V3 模式；当它被点亮时，跟你聊天的就会变成 DeepSeek 的 R1 模式。它们有什么区别呢？让我们先保个密，稍后再说。

`联网搜索` 按钮，就像名字上显示的那样，一旦点亮它，它就会像你上网搜索信息一样，在网络上寻找有用的信息来回答你的问题。如果不被点亮，它的记忆和知识库就会停留在 2024 年 7 月（DeepSeek 的 V3 模型在这之后引入了专家混合架构），你要问它之后的事情，它就不知道了，甚至可能跟你"胡说"。

↑ 按钮是"发送"按钮，单击后可以把你输入在聊天框的内容发送出去，DeepSeek 就会根据你的问题给出回答。

电脑版上的 📎 按钮，单击后则允许你上传图片或文件，方便 DeepSeek 更准确地理解你的需求。

手机版上的 ➕ 按钮，单击后可以上传文件，也可以拍照识别文字、上传图片识别里面的文字。

除了这些功能之外，细心的你可能还会注意到电脑版聊天界面的左上角（见图1-8）和手机版聊天界面的上方（见图1-7）还有一些小功能按钮，它们又是什么呢？

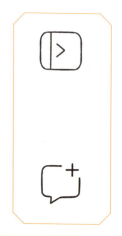

图1-8　电脑版DeepSeek聊天界面左上角功能按钮

电脑版中的 ▷ 和手机版中的 ☰ 这两个按钮是同一个功能，就是"打开边栏"。在边栏里，你可以看到你跟DeepSeek的所有聊天记录，方便随时回顾；也可以单击后进入，继续在那个聊天界面里聊天。

电脑版中的 ⊕ 和手机版中的 ⊕ 这两个按钮是同一个功能，就是"开启新对话"。假如你想要DeepSeek忘记你们之前所有的聊天内容，就可以单击这个按钮，DeepSeek会立即清空之前的对话，重新开始跟你交流。

V3 和 R1，DeepSeek 模式大变身

DeepSeek 的基础按钮我们介绍完了，现在，回到之前提到过的问题，DeepSeek 的 V3 和 R1 有什么区别呢？

DeepSeek-V3

V3 能完成你的大部分需求。2025 年 3 月，V3 更新了一个新版本，加强了推理、数学等任务上的表现水平，在写作能力和搜索方面也大大升级。可以说，这个版本的 V3，只要不是很复杂的推理任务，都能完成得很好。

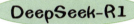

R1 则是专注于推理的模型，在开启它的时候，DeepSeek 输出内容时会展示一个"深度思考"过程，如图 1-9 所示，告诉你它是如何一步步得出给你的结论的。R1 的这一特点特别适用于解答需要逻辑严密的复杂问题。

R1 的思考过程值得参考，它能够帮助你全面地看问题和学习推理思维，提升逻辑思维能力。

> ※ 已深度思考（用时 16 秒）∧
>
> 嗯，用户问的是地球离火星有多远。首先，我需要确定这个问题具体指的是什么。地球和火星都是太阳系中的行星，它们的轨道是椭圆形的，所以距离会不断变化。我需要回忆一下它们之间的最近距离和最远距离分别是多少。
>
> 我记得地球和火星之间的平均距离大约是 2.25 亿公里，但实际距离会因为它们的轨道位置而变化。当两颗行星位于太阳的同一侧时，也就是所谓的"冲"时，距离最近，大约是 5460 万公里。而当它们位于太阳的两侧时，距离最远可以达到约 4.01 亿公里。不过，这些数字可能需要核实一下，确保准确性。

图 1-9 DeepSeek 深度思考内容示例（节选）

一 智能时代的"高分神器"

下面，我们用一个更加具体的例子来说明 V3 和 R1 的区别。

例如，我们分别问 V3 和 R1，1+1 等于几。

V3 会这样给你答案，如图 1-10 所示。

> 1+1等于几
>
> 1+1等于2。
> 这是最基本的数学加法运算，如果你有其他问题或需要更深入的解答，随时告诉我！😊

图 1-10　V3 对"1+1 等于几"的回答

而 R1 则会这样回答，如图 1-11 所示。

> 已深度思考（用时 8 秒）
>
> 嗯，用户问1+1等于几。这个问题看起来简单，但可能有些隐藏的需求。首先，我需要确认用户是不是真的在问基础数学问题。1+1在数学里当然是2，但也许用户有其他意图？比如，他们可能在测试我的反应，或者看看我会不会给出不同的答案，比如在二进制中1+1等于10，或者在某些逻辑运算中有不同的结果。
>
> 也有可能用户是孩子，刚开始学数学，需要明确的答案。或者他们可能是在寻找幽默的回答，比如"11"如果把数字连起来的话。不过通常情况下，尤其是中文环境下，直接回答2比较稳妥。为了避免遗漏，我可以先确认一下用户的情境，但根据指示，我应该直接给出答案。不过用户可能希望得到一个详细点的解释，所以或许我应该分情况讨论，然后说明最常见的情况是2。同时要确保回答准确，避免误导。
>
> 1+1的答案取决于具体的数学定义或应用场景：
> - 基础算术：1+1 = 2（十进制下）。
> - 二进制：1+1 = 10（二进制中表示十进制的2）。
> - 布尔逻辑：1+1 = 1（逻辑运算中，"1"代表真，"+"代表逻辑或）。
> - 其他抽象系统：可能有不同定义，例如在某些代数结构中结果为0或其他值。
>
> 日常语境下，通常默认答案为2。

图 1-11　R1 对"1+1 等于几"的回答

我们可以看到 V3 会直接给出答案，并说明这是最基本的数学加法结果。但 R1 就会"想得很多"，考虑各种可能的情况，然后给你不同情况下 1+1 的答案。可以说，比起"正经优等生"的 V3，R1 更擅长全方面发散思考。但也因为这样，R1 更容易"想歪""想偏"，在输出答案的时候出现不同答案。

成为提问"小能手"

有"个性"的 DeepSeek

现在,我们已经把"智能家教"DeepSeek 请到了身边。但如何才能跟它顺畅地交流呢?DeepSeek 有它自己的个性,跟它交流需要一些"秘诀"。如果没有掌握这些秘诀,DeepSeek 可能会误解你的意图,导致回答得莫名其妙。而掌握这些"秘诀",你就能更高效地利用 DeepSeek,让它成为你最好、最贴心的"家教"。

在介绍"DeepSeek 交流秘诀"前,我们先要摸清楚 DeepSeek 的"个性",知道它有哪些特点。

特点一:懂得看字,但看不懂图和表。 DeepSeek 是一个文字大师,你在聊天框输入文字,它能够理解你的意思。通过上传文档,DeepSeek 也能读懂里面的文字。甚至你给它上传的文档中有带文字的图,它也能识别出图里面有哪些字并理解文字内容。但 DeepSeek 不会直接认图和表,如果你将一幅小猫的图案上传给它,问它图里有什么,它便回答不了,只会直接告诉你"未能提取到文字",如图 1-12 所示。

图1-12 DeepSeek无法识别图片情况

特点二：不会画画，但是会用符号做一些简单的图像。 既然连图都"不认识"，DeepSeek自然也就不会画画。如果你要它画一只猫，它就会回答你它没办法绘制图像，但为了满足你的期待，它可以用文字为你描述一只猫的样子，或用符号拼凑一只可爱的猫，如图1-13所示。

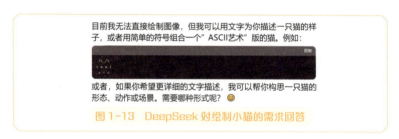

图1-13 DeepSeek对绘制小猫的需求回答

特点三：对话文字有限，在一个对话里会记住前后内容，分析你的身份，但在新对话里会忘记。 DeepSeek能在一个对话里记住之前的聊天内容，还会根据你之前跟它聊的内容分析你的身份和提问意图，并按照分析结论输出不同的内容。

例如，如果你之前告诉过它你是小学生，那么它之后可能会用更适合你的说话方式跟你交流。又例如，你在问过它"1+1等于几"之后让它画小猫，就能看到它在"深度思考"时会结合之前的问题思考你提问的目的，如图1-14所示。

> 已深度思考（用时 8 秒）⌃
>
> 好的，用户之前问过1+1等于几，现在又问能不能画一只猫。我需要考虑这两个问题之间有没有关联。可能用户想测试我的能力，或者他们对不同功能感兴趣。
>
> 用户可能对之前的数学问题满意，现在想看看我是否能处理图像生成。不过我需要确认，用户是否知道我不能直接画图。之前的回答都是文本，所以可能需要用文字描述猫的样子。

图 1-14　DeepSeek 思考的连续性示例（节选）

如果开启新对话，它就会忘记之前所说的一切。这样做有一个好处，就是它不会被之前的问题干扰思路。如果你想要它换个说话方式，就单击"开启新对话"按钮吧！

那我们能在一个对话框里一直聊下去吗？

答案是不能。为什么呢？有两个原因。一是虽然在同一个对话框里，DeepSeek 会尽量记住你们之前聊天的所有信息，但随着对话内容增多，DeepSeek 的记忆负担加重，它可能会出现记忆混淆或者忘记一些内容的情况，就像我们也没办法轻易记住好几万字的内容一样。二是为了减轻 DeepSeek 的记忆负担，创造它的科学家们给它设置了一个聊天字数上限。如果超出这个上限，你再问它，它就会让你展开新对话，如图 1-15 所示。

> 已深度思考（用时 0 秒）⌃
>
> 当前对话已超出深度思考的最大长度限制，开启一个新对话继续思考吧~

图 1-15　DeepSeek—R1 模式超出聊天上限后反馈

特点四：有时会因太忙无法回答你。 因为 DeepSeek 实在是太"热门"了，所以跟它聊天、请求它帮助工作、学习的人很多。有时，它可能因为要同时处理很多内容，无法马上回答你，会告诉你"服务器繁忙，请稍后再试"，如图 1-16 所示。这时，你需要耐心等一等，然后再单击"重新生成"按钮，它就会重新开始尝试思考。

图 1-16 DeepSeek 服务器繁忙显示

特点五：喜欢逻辑清晰、明确的提问。 就像我们跟人说话时一样，如果别人啰啰嗦嗦说一大堆却讲不到重点；或者说的内容前后不连贯，东一榔头西一棒槌，那我们可能会听不懂他们想表达什么，甚至会不耐烦。DeepSeek 虽然是脾气很好的 AI，不会不耐烦，但如果你跟它交流时不讲重点或者内容乱七八糟，它可能会一头雾水，理解错你的意思，回答出的内容可能不符合你的要求。

特点六：DeepSeek 也会犯错。 DeepSeek 虽然很聪明，但它并不是无所不能，有时它输出的内容也会出现错误。错误的出现跟它的信息库和思维模式，以及你提问的方式都有关系。所以我们在通过它学习时，也要保持批判和求真的态度，认真核实它生成的内容，不要盲目信任。

例如，我们问它"strawberry"这个单词中有几个 r，让它直接回答数字，它可能会数成"2"，如图1-17所示。但实际上，这个单词里有3个r。

图1-17 DeepSeek生成错误内容示例

如果你发现了它的错误，可以告诉它，这样有利于它成长，就像老师告诉你某道题目做错了一样。

特点七：DeepSeek脾气很好，但也有它的底线。DeepSeek可以说是一个有耐心、脾气很好的"家教"，它不会动不动就批评你，说你"脑子笨""不专心""不适合学数学"，而是会耐心地跟你交流，贴心地安慰你，给你建议，如图1-18所示。

图1-18 当你向DeepSeek诉说烦恼时的回答示例（节选）

DeepSeek也很有道德底线，不会回答不合法、违背社会道德的问题。如果有人提那样的问题，它会严词拒绝。这一点我们也应该向它学习，做一个正直、善良的好孩子。

跟 DeepSeek 交流的秘诀

了解了 DeepSeek 的一些特点后，就让我来告诉你，跟 DeepSeek 交流的秘诀吧！这些秘诀能让你的提问效率加倍，也能让你在学习上进步得更快。

秘诀一：提问要精准，拒绝模糊

关键：别让问题像雾里看花。

例如：不问"数学怎么学"，而问"初二几何证明题找不到思路，有什么训练方法"。

小贴士　问题越具体，得到的答案越实用！

秘诀二：拆分问题，分步解决

关键：把大问题变成小问题。

例如：不问"我怎么学好语文"，而问"我怎么写好作文"。

小贴士　问题拆得越细，答案越有针对性！

秘诀三：资料充足，但不宜过度

关键：让 DeepSeek 知道更多信息。

例如：你想要 DeepSeek 给你制订学习计划，就要告诉它你的年级、计划目标、具体学科等信息，但不要一股脑堆太多，而是突出最重要的几个要求。

小贴士　信息越充足，DeepSeek 就能给你越准确的答案！

秘诀四：设置限制条件

关键：给 DeepSeek 一些限制。

例如：不问"给我分析这道题的解题思路"，而问"给我分析这道题的解题思路，知识点不要超过小学五年级的知识范围"。

小贴士 这样能避免给出的回答太深奥。

秘诀五：要求核实，避免错误

关键：要求 DeepSeek 提供出处。

例如：在提问时可以加上一句"请提供输出内容的出处"。

小贴士 这样你就能根据它给的出处，核实 DeepSeek 是不是犯错了。

秘诀六：多问思路，少要答案

关键：自己思考才是硬道理。

例如：不问"这道题怎么做"，而问"这道题的解题逻辑是什么？我卡在第三步了"。

小贴士 理解方法比抄答案更有利于你的成长！

秘诀七：多元视角看问题

关键：别被单一的答案框住。

例如：不问"是《故乡》写得好还是《阿长与山海经》写得好"，而问"《故乡》和《阿长与山海经》各自的优点和缺点是什么"。

小贴士 多角度分析，选择更明智！

秘诀八：持续学习，不断进步

关键：拒绝临时抱佛脚。

例如：不问"怎么应付月考"，而问"如何培养每天坚持复习的习惯"。

小贴士 持续进步才是真学习！

避免落入提问陷阱

在用 DeepSeek 帮助学习时，我们可能会踩一些坑，如明明想搜解题思路，结果出来一堆没用的；想问作文灵感，它却回答得稀里糊涂……别慌！这就教你用最简单易懂的方式，避开提问中的常见陷阱。掌握这些招儿，保准让 DeepSeek 乖乖听话，学习效率翻倍！

> 安全小贴士
> 1. 千万不要告诉 AI 你的真实姓名、家庭住址。
> 2. 不要透露学校和班级的具体信息。
> 3. 遇到需要输入个人信息的情况，一定要先问爸爸妈妈。

现在，让我们来看看最常见的 4 个提问陷阱，学会避开它们，你就能获得更准确的帮助啦！

◇ "模糊提问"坑：问题要说清，AI 才聪明

避坑关键：像给同学讲题一样，把"什么科目""哪道题""哪里不会"都说清楚！

踩坑案例："这道题不会！"（AI 蒙圈：哪道题？哪里不会？）

正确提问："五年级数学：果果的身高是 1.6 米。某天下午，果果站在学校操场旁，他的影长是 2.4 米。此时，他身旁的一棵小树影长是 6 米，这棵小树的高度是多少米？要用比例的方法解。"DeepSeek 给出了分解步骤，如图 1-19 所示。

> 理解问题
> 首先，我们需要明确题目中给出的信息：
> 1. 果果的身高：1.6米
> 2. 果果的影长：2.4米
> 3. 小树的影长：6米
> 4. 需要求解：小树的高度
>
> 图 1-19 DeepSeek 求小树的高度示例（节选）

◇ "问题扎堆"坑：一次只问一个

避坑关键：像吃糖一样一次一颗，不同的问题也要一个一个问！

踩坑案例："作文怎么写？还有英语语法和数学应用题！"（AI 混乱中）

正确提问：

第一问："四年级要写一篇以'我学会了……'为题的作文，要求语句通畅，内容详尽。"DeepSeek 会生成作文，如图 1-20 所示。

第二问："英语一般现在时中，主语是第三人称时，谓语动词加 s 的规则有哪些例外？"DeepSeek 给出了解释，如图 1-21 所示。

四年级作文：我学会了骑自行车

然后，结构方面，通常四年级作文需要开头、中间和结尾。开头可以引出学骑车的原因，中间描述学习的过程，包括遇到的困难和如何克服，结尾总结学到的道理。这样结构清晰，符合要求。

在内容详细方面，需要具体的事件和细节。比如，第一次骑车时的紧张，爸爸扶着后座，后来放手，摔倒，擦伤，犹豫，再次尝试，最终成功。这些细节能让文章更生动。同时，加入环境描写，比如夕阳、微风，可以增加画面感。

还要注意语句的通顺，用词要准确，但不过于复杂。比如，使用比喻句，如"自行车像一匹不听话的小马驹"，这样既形象又符合孩子的视角。情感描写也很重要，比如紧张、害怕、兴奋，这些情感变化能让文章更有感染力。

可能需要检查是否符合字数要求，四年级作文大概 300-500 字左右。需要确保内容充实，但不过于冗长。每个段落不宜过长，适当分段，保持阅读流畅。

《我学会了骑自行车》

"妈妈快看！"我张开双臂站在小区广场上，温暖的春风把我的欢呼声送得很远。这是我第一次不用爸爸扶着，独自骑了整整一圈自行车。

图 1-20　DeepSeek 撰写四年级作文示例（节选）

英语第三人称单数动词变化规则例外

英语一般现在时中，第三人称单数（he/she/it）通常在动词词尾加 -s 或 -es，但存在以下例外情况：

1. 情态动词（Modal Verbs）

情态动词本身不变化，即使主语是第三人称单数，也保持原形。

常见情态动词：
- can→He can swim. ✗（不用 cans）
- may→She may go. ✗（不用 mays）
- must→It must work. ✗（不用 musts）
- should/would/could 等同理。

2. 动词"have"的特殊变化

动词 have 的第三人称单数形式是 has（而非 haves）：
- He has a book. ✓
- She has a cat. ✓

图 1-21　DeepSeek 回答谓语动词加 s 的规则例外示例（节选）

◇ **"隐身提问"坑：亮出你的"学生证"**

避坑关键： 告诉 DeepSeek 你的年级，就像告诉医生你的年龄一样重要！

踩坑案例： "这个知识点怎么学？"（DeepSeek 不知道你是小学生还是初中生。）

正确提问： "我是初二学生，学凸透镜成像规律时，总是分不清实像和虚像，有什么好的理解方法吗？" DeepSeek 会生成回答，如图 1-22 所示。但注意提问时不要透露自己的学校、姓名等隐私信息。

◇ **"缺胳膊少腿"坑：提问要完整**

避坑关键： 检查你的问题是否具备 "3 有"——有背景、有要求、有资料！

踩坑案例： "帮我查资料！"（AI：查什么？怎么查？）

正确提问： "五年级科学课要做'水的循环'手抄报，要求列举 3 个有趣的水循环现象，用小学生能听懂的话解释，并配上手绘技巧。" DeepSeek 会生成回答，如图 1-23 所示。

> 我是初二学生，学凸透镜成像规律时，总是分不清实像虚像，有什么好的理解方法
>
> 要理解凸透镜成像规律中的实像和虚像，可以通过以下步骤进行区分：
> 1. 基本概念区分
>   - 实像：由实际光线交汇形成，能在光屏上呈现，总是倒立的。
>   - 虚像：由光线反向延长线交汇形成，无法在光屏显示，总是正立的，只能通过透镜观察。
> 2. 关键口诀记忆

图 1-22　DeepSeek 解释凸透镜实像和虚像示例（节选）

> 五年级科学课要做 "水的循环" 手抄报，要求列举3个有趣的
>
> "太阳公公把水宝宝晒成看不见的蒸气，它们坐着热气球飘到天上，抱成一团变成云朵。当云朵变得太重抱不住时，水宝宝就跳下来变成雨啦！"
> ▲ 故事二：叶子上的小珍珠
>   （画一片叶子挂着露珠，旁边画月亮）

图 1-23　DeepSeek 撰写的水循环手抄报示例（节选）

二 高分素养训练营

01

学习可以很好玩

在有些小朋友的眼中,学习往往是一件枯燥的事情,尤其是当他们面对厚厚的课本和繁多的作业时。想象一下,如果学习能像玩游戏一样充满乐趣,那会是怎样的体验呢?DeepSeek 就能帮我们做到!

为什么会觉得学习没劲,但对游戏很感兴趣

有些同学喜欢玩电子游戏,对游戏中一些重复性的任务乐此不疲,但当他们面对重复性的学习任务时,就马上丧失了兴趣,这是为什么呢?

这是因为游戏开发者在游戏设计上精准地抓住了人们的心理,给人们带来良好的体验。

明确的目标,难度递增的任务。 游戏任务一般都是明确的,如告诉你"要去某个地方找某个人",而且难度也是慢慢增加的。如果你刚开始玩游戏,遇到的敌人往往不会太强,等你的能力得到提升,才会出现更强大的敌人。而学习任务有时并不明确,甚至难度会超出一些同学的能力水平,做不好就容易让人产生挫败感。

互动性高,有成就感。玩游戏时,我们可以和朋友一起组队玩,互动性很高。在跟其他人合力玩游戏时,会有情感的交流。如果在多人游戏中表现出色,还会收获别人的崇拜,由此产生的成就感会让我们感到快乐。而学习更像"一个人的战斗"。

游戏方式有趣而多元。游戏的方式通常比学习更加有趣、多元,主观能动性较高,大家在玩的时候会有新鲜感、参与感。学习往往只是单调地做题、背诵和被动地听课,这在吸引力方面就输给了游戏。

> DeepSeek 可以让学习变得像游戏一样有趣。

将学习任务拆解成一个个小怪兽

你可以把你的学习目标或学习任务告诉 DeepSeek，DeepSeek 能像策划游戏那样帮你将学习任务按照难度拆解成一个个小怪兽，让你按照由易到难的顺序去完成它们，就像打怪通关一样，获得"升级"的成就感。

例如，一名六年级的同学想要提升语文作文水平，现在他的问题有：不会组织材料、不擅长使用修辞手法、语言比较"大白话"。这名同学可以这样向 DeepSeek 提问：

我是一名六年级的学生（自我介绍），想提升语文作文水平（具体目标），准备用 8 周的时间完成目标，每周可以用 3 小时来学习（时间规划），我现在的问题有：不会组织材料、不擅长使用修辞手法、语言比较"大白话"（当前存在的问题），请帮我设计一个学习方法，要拆解成阶段性步骤，并按照由易到难的顺序排列（需求说明）。

DeepSeek 生成了一个具有夯实基础、技巧突破、综合提升、实战检验 4 个阶段的方案，如图 2-1 所示。

第二阶段：技巧突破（第3~5周）
目标：学习修辞 + 逻辑衔接
每周3小时分配：
- 1小时专项修辞训练
- 1小时材料排序游戏
- 1小时完整作文练习

具体任务：
1. 修辞手法刻意练习（每周1种）：
   - 第3周比喻/拟人（如"云朵是天空的棉花糖"）。
   - 第4周排比/夸张（如"这棵树高得能碰到星星"）。
   - 第5周引用古诗词（如用"少壮不努力"谈珍惜时间）。
2. 材料排序游戏：

图 2-1 DeepSeek 生成的 8 周作文提升计划示例（节选）

把学习变成团体小游戏

DeepSeek 还能帮你把一些学习任务变成能跟朋友一起玩的团体小游戏，让你在学习中收获与人玩耍的快乐。

例如，一名四年级的同学想要记住这个学期学到的数学知识，但他觉得一个人学习太无趣，想喊几名同学一起用多人游戏的方法学习。他可以这样向 DeepSeek 提问：

我是一名四年级的学生（自我介绍），用的人教版教材（教材说明，让 DeepSeek 更清楚是哪些内容），我想记住四年级下学期学到的数学知识（具体目标），请帮我设计几个既能跟 3 名同学一起进行，又能帮我们记住这些数学知识的游戏（需求说明）。

DeepSeek 按照需求，为他生成了 4 个游戏方案，如图 2-2 所示。

好的！根据人教版四年级下册数学目录，我为你们设计了4个团队协作游戏，既能巩固知识又充满趣味性，每个游戏覆盖2~3个单元知识点，适合3~4人小组完成。以下是具体方案：

游戏1：「小数超市大作战」（适合：小数的意义/小数加减法）
道具： 商品价签（自制小数价格，如铅笔3.25元）、购物清单、计算器（验证用）
规则：
1. 角色扮演：1人当收银员，其他2~3人当顾客。
2. 任务：
   ○ 顾客A用「加法」买3样商品（如笔记本+橡皮+尺子），心算总价报给收银员。
   ○ 顾客B用「减法」计算找零（如付10元买6.8元的文具盒）。
3. 得分：答案正确+1分，收银员验证错误则扣1分，轮流换角色。
   ✏技巧：用「元角分」转化法帮助计算（如3.25元=3元2角5分）。

图 2-2 DeepSeek 生成的数学知识记忆游戏方案（节选）

根据你的兴趣改造学习方式

你还可以让 DeepSeek 按照你喜欢的方式,把枯燥的学习过程变成一场有趣的冒险。

我是一名六年级的学生(自我介绍),目前用部编版教材(教材说明),平时比较喜欢打游戏(兴趣爱好),不喜欢语文这种枯燥的、需要死记硬背的课(不喜欢的课程),可以将我的兴趣爱好和语文内容结合起来,制订一个特别的语文课程吗(具体需求)?

DeepSeek 会根据他的兴趣爱好提供一个有趣的语文学习计划,如图 2-3 所示。

我是一名六年级的学生,喜欢打游戏,特别不喜欢语文课。我们可以

1. **英雄档案库**:选游戏里你最喜欢的英雄(如李白、诸葛亮),用教材中的描写方法为他写"档案"——外貌(服饰/武器)、性格(台词)、背景故事(游戏中的语言和世界观)。
2. **吃鸡角色日记**:假设你是吃鸡中的角色,用第一视角写跳伞落地时的心理活动:"我的手心全是汗,飞机舱门打开时,我瞥见军事基地上空有四队人……"(关联《那个星期天》的心理描写技巧)。

   奖励:完成档案和日记后,可设计该英雄的"专属技能书"(用比喻/夸张修辞描述技能效果)。

第二阶段:地图任务——攻克说明文与古诗
目标:理解说明文逻辑、背诵古诗(对应六下第5单元《真理诞生于百个问号之后》、古诗文单元)
玩法:

1. **峡谷地理课**:把王者峡谷地图转化为说明文,分析地形(三条分路、野区结构)、防御塔机制(用"列数字/作比较"说明文手法)。
2. **吃鸡缩圈背诗法**:背诵《采薇》《早春呈水部张十八员外》时,想象自己身处吃鸡决赛圈——每背对一句,毒圈缩小一次;背错则"掉血",需用注射"急救包"补救。

   奖励:解锁"地图彩蛋"——用古诗给游戏场景命名(如野区草丛="离离原上草")。

图 2-3 DeepSeek 撰写的语文学习计划示例(节选)

DeepSeek 为你开启学霸之路

> 有些学霸看上去似乎不够努力,却依然学得好;有些同学明明很努力,成绩却没有起色,是他们不够聪明吗?

我们和学霸的差距在哪里?

其实,那些很努力但成绩还是不够好的同学,跟学霸的差距并不在智商上,而是在其他方面。现在,就让我们看看 DeepSeek 是怎么说的吧,如图 2-4 所示。

🔍 学霸的"隐形优势"在哪里?

1. 学习方法更科学(不是死记硬背)
- 主动思考vs被动接受
  - 普通同学:反复抄写、机械刷题,只记住答案,不理解原理。
  - 学霸:先理解逻辑,再做题巩固,遇到错题会分析"为什么错"。
- 费曼学习法(高效记忆)
  - 学霸会用自己的话复述知识点,甚至"假装教别人",确保真正掌握。
  - 普通同学可能只是"看懂了",但无法清晰表达。

2. 思维习惯更高效(减少无效努力)
- 抓重点vs平均用力
  - 学霸会优先攻克高频考点(如数学的函数、语文的阅读理解套路)。
  - 普通同学可能花大量时间在低效细节上(如抄写生字10遍,但考试不考)。
- 结构化思维(知识成体系)
  - 学霸学新知识时,会主动联系旧知识,形成"知识网"。
  - 普通同学可能学一点忘一点,知识点零散。

3. 从小养成的学习习惯(自动进入高效状态)
- 专注力更强(减少分心)
  - 学霸学习时往往能进入"心流状态"(高度专注,忘记时间)。
  - 普通同学可能学5分钟就忍不住看手机、走神。
- 时间管理(短时高效vs长时间低效)
  - 学霸常用"番茄钟学习法"(25分钟专注+5分钟休息)。
  - 普通同学可能"耗时长",坐3小时但真正学习只有1小时。

4. 记忆方式更聪明(不是靠硬背)

图 2-4 DeepSeek 提出的"学霸的'隐形优势'"(节选)

我们可以看到，DeepSeek 提出了学霸的 4 个"隐形优势"，即学霸的学习方法更科学、思维习惯更高效、学习习惯更好、记忆方式更聪明。

这 4 个方面的差距，我们可以让 DeepSeek 帮我们弥补。**请记住，DeepSeek 虽然可以帮助我们弥补和学霸之间的差距，但要真正成为学霸，不能被动地去模仿，而应该根据自己的实际情况去理解、消化、实践。**

接下来，就让我们开始走向学霸之路吧！

定制个性化学习方法

每个同学都有自己的个性，有些同学喜欢阅读，有些同学喜欢实践，有些同学擅长处理细节，有些同学擅长概括。每个学科也有它的特点，如语文需要感性的体悟、数学需要理性的逻辑、英语需要积累与实践。

虽然这个世界上有很多好的学习方法，但并不存在一种适用于所有人的万能学习法。例如，适用于 A 同学的学习方法，B 同学可能并不适用；适合语文的学习方法，用到数学上可能就没用了。

所以，学习方法只是"好"是不行的，更重要的是它要适合你。

DeepSeek 擅长推理分析，又"知识渊博"，掌握世界上大部分的学习方法，它能够在了解我们的情况后，为我们量身定制专属的学习方法。有了合适的学习方法，我们就能在学习上事半功倍。

例如，一名六年级的同学，擅长处理细节问题，但不擅长概括；记忆力不是很好，但很擅长跟人交流。他想要一个适合自己的数学学习方法，可以这样向 DeepSeek 提问：

我是一名六年级的学生（自我介绍），擅长处理细节问题，但不擅长概括；我记忆力不是很好，但很擅长跟人交流（自己的特点）。可以根据我的性格帮我制订一个适合我的数学学习方法吗（具体需求）？

DeepSeek 会根据他提交的内容制订数学学习方法，如图 2-5 所示。

根据你的特点（擅长细节、交流能力强，但概括和记忆稍弱），我们可以设计一套互动性强、细节拆分清晰的数学学习方法，帮助你逐步提升！

📌 适合你的数学学习策略
1. 把数学问题"拆解成小任务"（发挥细节处理优势）
   ✅ 适合你的方式：
   • 遇到复杂题目时，用分步法，像拼积木一样一步步解决。
   • 例如：解方程 $3x + 5 = 20$
     →第一步：目标是 x 单独留下。
     →第二步：先减5 $3x = 15$ 。
     →第三步：再除以3 $x = 5$ 。
     →每完成一步就打✔，增强成就感。

图 2-5 DeepSeek 制订的数学学习方法示例（节选）

学霸之所以能够高效率地学习,很重要的一点就是他们更加有条理、有逻辑。

他们有明确的学习目标,懂得如何抓住学习重点,更懂得如何总结、归纳知识点。

DeepSeek能帮同学们完成找到学习目标、抓住学习重点、有条理地组织知识点等任务,拥有"学霸思维"。

破解不知道学习目标的问题

如果你想要确定学习目标,可以把你的学习阶段、要学习的学科告诉DeepSeek,它就能帮你确定学习目标。

例如,一名六年级的同学,成绩在班上是中游,他对自己的学习很迷茫,觉得自己找不到学习目标。这名同学可以这样向DeepSeek提问:

> 我是一名六年级的学生(自我介绍),成绩在班上是中游,我现在觉得很迷茫,找不到学习目标(情况说明),请告诉我我未来的学习目标(具体需求)。

DeepSeek会为他提供一些学习目标,如图2-6所示。如果你也感到迷茫,就试着问问DeepSeek,选择你可以达成的目标去做吧。

> 一、短期目标(1~3个月)——先让自己"小赢"几次
> 1. 学科突破目标
> - 数学:
>   - 攻克1个薄弱知识点(比如分数计算/几何面积)。
>   - 连续3次作业全对(每次作业前复习5分钟错题)。
> - 语文:
>   - 每周背1首古诗,并给家人讲解意思。
>   - 写1篇"自由创作"(比如幻想故事/日记,不限制字数)。
> - 英语:
>   - 每天记3个新单词,用它们造搞笑句子(比如:The cat wears a hat!)。
>
> 图2-6 DeepSeek提供的学习目标示例(节选)

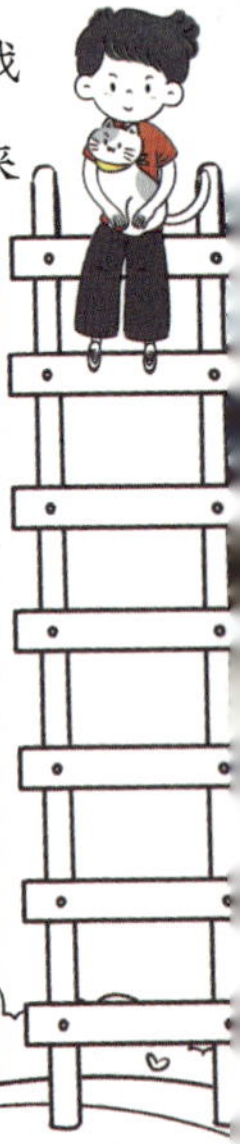

DeepSeek,知识点整理大师

擅长逻辑推理的 DeepSeek 同样是一个知识点整理大师,它能帮你把各种散乱的知识点整理得如同学霸笔记一般有条理,帮助你更好地把握学科知识,让你复习时知道重点在哪里,提高复习效率。

例如,一名六年级的同学为了综合复习,收集了小学语文阶段的古代文学常识,但内容太多且非常杂乱,他没有时间去整理。这时,他可以这样向 DeepSeek 提问:

这是我收集的一些古代文学常识(上传文件),请帮我把知识点梳理好并分类(具体需求)。

DeepSeek 很快就能帮他完成梳理工作,将原本散乱的内容分好类,如图 2-7 所示。

> 📄 中国古代文学常识分类整理
> ———————————————
> 一、儒家经典与思想
> 1. 四书
>   ○《大学》《中庸》《论语》《孟子》
> 2. 五经
>   ○《诗经》《尚书》《礼记》《周易》《春秋》
> 3. 儒家代表人物
>   孔子:名丘,字仲尼,《论语》记录其言行。
>   孟子:名轲,字子舆,《孟子》主张"性善论"。
>   荀子:名况,字卿,《荀子》强调"性恶论"。
>
> 图 2-7 DeepSeek 梳理的古代文学常识示例(节选)

二 高分素养训练营

学习 DeepSeek 的思考模式

其实，DeepSeek 自己也是一个思考起来很有条理的"学霸"，它在回答问题时的思考过程也值得我们学习。

还记得怎么看它的思考过程吗？对了，就是单击"深度思考（R1）"按钮。

例如，我们问 DeepSeek：

比2多6的数是（ ），9比4多（ ）。答案是什么？

它在输出答案的同时还会附上解析过程，如图 2-8 所示。

> 比2多6的数是（8），9比4多（5）。
> 解析：
> 1. "比2多6的数"：即用2加上6，计算为 2+6=8。
> 2. "9比4多"：即用9减去4，计算为9-4=5。
> 因此，答案依次为 8 和 5。

图 2-8　DeepSeek 输出的答案及解析

但现在我们要看的并不是它的答案，而是它的思考过程，如图 2-9 所示。

> 嗯，好的，我现在要解决这个数学题目，题目是：比2多6的数是()，9比4多()。让我仔细想想该怎么解答。
>
> 首先看第一个空，"比2多6的数"。这里的"比…多"应该是指加法吧？比如一个数多另一个数，就是这两个数相加。比如说，比3多5的数是3+5=8，对吧？所以这里应该是2加上6，对吗？那答案应该是8，对吗？不过我得再确认一下，这里的"比"是不是有别的理解方式。比如有时候可能会有顺序的问题，比如说"比A多B的数"是不是应该用A加上B？比如，A是原来的数，B是多的部分，所以结果就是A+B。这样的话，这里就是2+6=8，没错。那第一个空应该是8。
>
> 接下来第二个空，"9比4多()"。这里的结构是"A比B多()"，这时候应该填的是A减去B的结果。因为"比…多多少"通常是用大的数减去小的数。比如，5比3多2，也就是5-3=2。所以这里应该是9-4=5。对吗?这样的话第二个空应该填5。所以整个题目应该是：比2多6的数是（8），9比4多（5）。
>
> 不过我还是再仔细检查一遍，避免自己哪里弄错了。比如第一个空，有没有可能是其他运算？比如乘法或者除法？但是"多"一般指的是加法，比如"比…多"就是加，而"少"的话就是减。所以应该没错。第二个空的话，如果题目是"9比4多多少"，那确实是9-4=5，对吧？比如我有9个苹果，你有4个，我比你多5个，所以答案是对的。
>
> 所以综合起来，两个空的答案分别是8和5。嗯，应该没问题了。

图 2-9　DeepSeek 思考数学题的过程示例

我们可以看到，它的思考过程是这样的：

列出自己要做的事情和题目
↓
看第一个空 → 分析题目 → 计算并得出结论 → 反思结论是否正确 → 思考其他可能 → 确定结论
↓
看第二个空 → 分析题目 → 计算并得出结论 → 反思结论是否正确
↓
再次检查 → 思考其他可能 → 确定结论
↓
确定结论

虽然这个题目很简单，但是DeepSeek的思考过程依旧细致、严谨。DeepSeek首先确定自己要做的题目是什么，然后按照题目留空的顺序一个个思考。它先是理解题目内容，再进行计算。在思考的过程中，DeepSeek会反复验证自己有没有做错，是不是还有其他可能。直到排除所有可能后，才得出最后的结论。

我们在向DeepSeek提问时，不妨多多开启"深度思考（R1）"模式，在参考它给出的答案时，也不妨浏览一下它的思考过程，试着学习它的思考方式。

帮你养成学霸习惯

想要成为学霸,良好的学习习惯自然是少不了的。当其他人在学习的时候,你却在看漫画,久而久之,你的成绩自然容易下滑。DeepSeek 可以根据我们的实际情况,为我们量身定制学霸习惯培养计划。

例如,一名五年级的同学,他的成绩在班上是下游。他觉得自己这样不行,想要培养良好的学习习惯。因此,他可以这样向 DeepSeek 提问:

我是一名五年级的学生(自我介绍),成绩在班上是下游,语文和数学成绩都很差,只有英语稍微好一点。我的专注力很差,总是没办法静下心来学习,还喜欢刷手机,常常制订了计划却半途而废(详细情况介绍)。请为我制订一个养成良好学习习惯的计划(具体需求)。

DeepSeek 会针对他的问题,为他制订一个学习习惯培养计划,如图 2-10 所示。

第一步:解决"静不下心"的问题——每天只做3个"迷你任务"

1.【5分钟热身】
  - 学习前先做个"专注力小仪式":深呼吸10次→喝口水→把手机放到另一个房间(或交给家长保管)。
  - ♥小窍门:告诉自己"只要学15分钟,就能休息",降低心理压力。

2.【15分钟学习】(用定时器设定时间,中途不许碰手机!)
  - 语文:抄写当天学的5个生词(每个抄3遍),读1篇课文(读出声)。
  - 数学:做5道课本上的基础计算题(比如加减乘除)。
  - 英语:看1个3分钟的英语动画片(比如小猪佩奇),跟读3句台词。
  - ☑完成后打钩:在日历上画个★,积累成就感!

图 2-10 DeepSeek 制订的学习习惯培养计划示例(节选)

我们学习的内容里,有很多都是需要去记忆的,如语文的古诗词背诵、数学的各种公式、英语的单词和语法等。很多同学觉得自己天生记忆力不行,什么都记不住,一听到"背诵"这个词就眉头紧锁。

其实,根本没有"天生记忆力"的说法,记忆力也是可以训练的,只是我们没有找到合适的记忆训练方法而已。

提供定制记忆训练法

DeepSeek 能根据我们的特点,帮我们找到最合适的记忆训练方法。按照方法训练,我们的记忆力就能得到提升!

例如,有一名同学觉得自己记忆力不行,背过的东西很快就忘记了,尤其记不住数字和英语。他想要训练记忆力,可以这样向 DeepSeek 提问:

我觉得自己记忆力不行,背过的东西很快就忘记了,尤其记不住数字和英语(记忆力情况说明)。请给我一个简单、实用的记忆力训练方法(具体需求)。

DeepSeek 会根据他的情况和需求,提供记忆训练方法,如图 2-11 所示。

第一步:数字记忆——用"谐音+故事"打败枯燥
1. 电话号码变漫画(适合记长串数字)
• 操作:
① 把数字拆成3~4位一组(比如139-2468-057)
② 每组编一个谐音梗(139→"医生救",2468→"饿死绿胖",057→"零武器")
③ 把谐音连成搞笑小故事:
"医生救 (139) 了快饿死的绿巨人 (2468),结果发现他偷了零武器 (057)!"
• 训练频率:每天选1串数字(如家人手机号、快递单号)练习,记不住就重新编更离谱的故事!
2. 超市价格大挑战(适合记短期数字)
• 操作:
① 帮家长记录购物清单时,刻意记3样商品的价格(比如牛奶¥12.5、苹果¥6.8)
② 结账前偷偷核对,全对就奖励自己选1样零食!

图 2-11 DeepSeek 提供的记忆训练方法示例(节选)

提供极具针对性的记忆方法

好的记忆方法能提高我们的记忆效率。要知道,每个人的思维方式不同,记忆力最好的时间段也不同。不同的内容,所需要的记忆方法也不一样。

我们不可能掌握所有的记忆方法,但 DeepSeek 能够根据我们的情况提供极具针对性的记忆方法。

例如,有一名同学,他的逻辑思维能力很强,但不擅长形象思维。他每天早上起床时记忆力最好,每天有半小时的背诵时间。他想要在 10 天内背诵 500 个英语单词。他可以这样向 DeepSeek 提问:

我的逻辑思维能力很强,但不擅长形象思维。我每天早上起床时记忆力最好,每天有半小时的背诵时间(自身情况说明)。我想要在 10 天内背诵 500 个英语单词(要背诵的内容),请给我提供一个适合我的记忆方法(具体需求)。

DeepSeek 会根据他的情况和需求提供记忆方法,如图 2-12 所示。

第一步:用逻辑拆解单词(5分钟/天)
技巧1: 词根词缀分类法
• 操作:
① 将500个单词按词根/前缀/后缀分组(如un-,-tion, bio-, port-等),优先背高频词组。
② 用表格整理逻辑关系(例):

词根	含义	例词	逻辑推理
port	携带	transport(运输)	trans(跨越)+ port → 跨区域携带
bio	生命	biology(生物学)	bio + logy(学科)→ 研究生命的学科

技巧2: 反义词/同义词捆绑记忆
• 例:背"expand(扩大)"时,同步记"shrink(缩小)";背"obvious(明显)"时捆绑"vague(模糊)"。

第二步:黄金时间高效背诵(25分钟/天)
早晨30分钟分段策略
1. 快速筛选(2分钟)
• 用红黄绿三色荧光笔标记单词:
  ■ 绿色:看一眼就认识的词(直接跳过)
  ● 黄色:有模糊印象但记不清的词
  ● 红色:完全陌生的词

图 2-12 DeepSeek 提供的单词记忆方法示例(节选)

DeepSeek 让你成为时间管理大师

活动需要查资料,但你的作业还没有做完;放学回家后时间不多,却还要在完成作业后看爸妈要求看的书,自己也想看看动画片;好不容易到了周末,又要去上各种课外兴趣班,做各科的作业,参加各种活动……你是否经常觉得时间不够用?

别担心!DeepSeek 能帮你快速、精准地收集资料,节省你的时间;帮你拆解各项目标,并按照重要程度合理安排;根据你的实际情况,定制专属规划,让你成为时间管理大师。

告别无效搜索,直击干货

当你需要寻找学习资料或为一些活动收集信息时,往往会打开浏览器搜索,然后一个个单击、筛选、整理,这样真的很费时间。没关系,别忘了 DeepSeek 也能"联网搜索"!它不仅能根据关键词快速搜索、筛选信息,还能帮你给信息分好类,整理成条理清晰的内容,帮你节省大量无效搜索的时间。

不过要注意，DeepSeek 也会提供错误或编造的信息，所以在让它搜索时记得加上**"提供输出内容的出处"**。

例如，一名初中生需要收集一些科技领域的影视作品资料，他可以打开"联网搜索"功能，然后这样向 DeepSeek 提问：

> 我是一名初中生（介绍自己），我需要收集一些科技领域的影视作品资料，包括表现科技事业和科技工作者的电影、电视剧、纪录片等（要收集的内容）。请为我提供资料（具体需求），并提供输出内容的出处（防虚构提示）。

DeepSeek 就会收集资料并梳理出各项内容，如果开启"联网搜索"，还能看到它引用的网页内容，方便你确定它是否准确，如图 2-13 所示。

---

3. 《星际穿越》
   - 简介：由诺兰执导的科幻电影，讲述宇航员穿越虫洞寻找新家园的故事，涉及相对论、黑洞等科学概念 2 5 6 。
   - 适合点：激发对宇宙探索的兴趣。
4. 《机器人总动员》（WALL·E）
   - 简介：皮克斯动画，讲述未来地球被垃圾覆盖，机器人WALL·E坚守使命的故事，涉及环保与科技反思 2 5 7 。
   - 适合点：适合思考科技与环境的关系。
5. 《超能陆战队》
   - 简介：迪士尼动画，讲述少年天才与机器人伙伴共同保卫城市的故事，涉及人工智能与科技创新 7 。
   - 适合点：适合了解机器人技术与团队合作。

图 2-13　DeepSeek 搜集的科技领域影视作品资料示例（节选）

或许你也遇到过这样的情况：想要规划周末的时间，却发现自己要做的事情堆得跟山一样——要参加班级活动排练，要完成语文、数学、英语作业，跟朋友约了一起打篮球，还要上画画的兴趣班，之前答应了朋友帮他画的画还没开始画，还想去看一部动画电影……想做的事情满满当当，却不知道从哪里下手。

DeepSeek 帮你整理目标，让你不再忙乱

例如，一名同学就面临上面说的那些问题，他不知道该怎么安排事情完成的顺序，就可以这样向 DeepSeek 提问：

我是一名学生（自我介绍），想要规划好周末的时间，但是我要完成的事情很多，要参加班级活动排练，还有语文、数学、英语作业要做，约好了跟朋友一起打篮球，还要上画画的兴趣班，之前答应了朋友帮他画的画还没开始画，还有一部动画电影想要去看（情况说明）。请按照这些事情的重要程度，帮我安排一个时间计划（具体需求）。

DeepSeek 会根据事情的重要程度，生成一个时间计划，如图 2-14 所示。

📌 任务优先级排序（从高到低）
1. 紧急且重要
   ○ 班级活动排练（通常有固定时间）
   ○ 朋友委托的画（已承诺，涉及信用）
   ○ 学科作业（避免周日晚上赶工）
2. 重要但不紧急
   ○ 画画兴趣班（长期技能培养）
   ○ 篮球活动（健康和社交）
3. 娱乐放松
   ○ 动画电影（可作为完成任务的奖励）

🗓 周六 & 周日分日计划
周六（攻坚日：解决最紧急任务）

时间段	事项	执行技巧
8:00~8:30	起床+早餐	听轻音乐唤醒大脑
8:30~10:30	班级活动排练	提前准备好道具/台词
10:30~12:30	画朋友的画	用番茄钟法（画25分钟休息5分钟）
12:30~13:30	午餐+午休	闭眼休息15分钟

图 2-14 DeepSeek 生成的周末时间计划示例（节选）

每天要上课、写作业、参加社团活动，还要准备考试，感觉自己忙不过来。

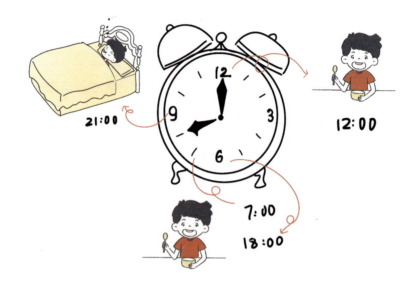

定制时间规划，让你不再忙乱

不用着急，DeepSeek 能根据你的个人作息，为你生成专属的动态时间表。

例如，一名六年级的同学周一到周五白天上课，晚上除了做作业还要进行数学和英语的专项培训。周六、周日除了做作业，每天还要去上两小时的钢琴培训班，另外他每周要锻炼 4 小时。在这种情况下，他还想抽出一些时间去玩。他可以这样向 DeepSeek 提问：

我是一名六年级的学生（自我介绍），我周一到周五的8:00～17:00上学，晚上做作业要2～3小时，还要额外进行数学与英语的专项培训。周六、周日除了做作业，每天还要上两小时的钢琴培训班。每周我还要锻炼4小时，此外我还想抽出一些时间去玩（具体情况说明）。请为我制订一个一周的时间管理方案（具体需求）。

DeepSeek 根据他的情况，制订了一个兼顾他各项需求的时间管理方案，如图 2-15 所示。

📖 周一至周五（上学日）时间表

时间段	事项	关键技巧（省时/提效）
6:30~7:00	起床+早餐	听英语音频（课本/单词）
7:00~7:30	黄金记忆时间	背英语单词或语文课文（用词根法/联想记忆）
8:00~17:00	学校课程	课间做简单拉伸，避免久坐
17:30~18:30	晚餐+短暂休息	和家人聊天放松，不碰手机
18:30~20:30	作业时间（2小时）	★分段学习法： -每30分钟换一科（数学→英语→语文） -用定时器严格计时
20:30~21:00	数学/英语专项培训	提前整理好问题，针对性解决
21:00~21:30	自由时间（玩/兴趣）	允许玩手机/游戏，但设闹钟（超时扣第二天自由时间）
21:30~22:00	睡前准备+复习	快速过一遍当日错题或单词
22:00	睡觉	保证8小时睡眠

💡 上学日关键策略：
1. 作业提速技巧：
   ○ 遇到难题先标记，集中最后15分钟解决或请教家长。
   ○ 用"三色笔法"：黑笔写答案，蓝笔写关键步骤，红笔标错题。
2. 避免分心：学习时手机交给家长，或用"番茄ToDo" App锁屏。

📖 周六 & 周日（周末）时间表

时间段	事项	灵活调整项
8:00~8:30	起床+早餐	听钢琴曲唤醒大脑
8:30~10:30	作业时间（2小时）	优先完成最难科目

图 2-15 DeepSeek 生成的时间管理方案示例（节选）

DeepSeek 帮你提升专注力

你或许有过这样的状态：在上课、做作业、考试时，注意力一不小心就"溜走了"，没办法专注在正在做的事情上。

这种容易走神的状态，就是专注力不够的表现。所谓专注力，就是我们在一定时间内把注意力集中在某个对象或任务（如书本、作业等）上的能力。

专注力能让我们——

忽略无关干扰，更快地从资料中筛选出重要信息。

长时间持续做一件事情，如认真读书一小时。

注意力不容易被分散、打断，保持做事的连贯性。

高度的专注力能帮助我们不被干扰地思考问题、处理事务，提高学习和生活的效率。反之，专注力不够，就会导致我们学习效率低下，即使花了很多时间去学习，成绩也无法提高。

是什么在影响我们的专注力

我们会发现,身边有些同学很容易专注于学习,但有些同学总是被家长、老师批评"沉不下心"。到底是什么在影响我们的专注力呢?

原因一:专注习惯不好。 如果已经习惯了"一心二用",又长期只接触短视频、短文等碎片化的信息,就没办法培养专注的习惯,导致专注力下降。

原因二:身体状态不好。 像睡眠不足、饮食不健康或身体不好等情况,都会让我们的大脑变"笨",专注力也变低。比如,一个人饿着肚子或者犯困的时候就很难集中注意力。另外,小孩子因为大脑还在发育,也会比大人更不容易集中注意力。

原因三:周围环境不好。 周围有一些让人无法集中注意力的干扰因素,如吵吵闹闹的人群、正在播放动画片的电视等。

原因四:心理状态不好。 过度紧张、焦虑等不良心理状态,也会导致人没办法专注。造成紧张、焦虑的原因也可能是学习任务太重、太难。

那么,DeepSeek 能在哪些方面帮助我们提升专注力呢?

为你分析影响你专注力的原因

前面提到,影响专注力的原因是多方面的。不同的人在不同的情况下,没办法集中注意力的原因也是不一样的。为了解决这个问题,应该对症下药。

我们可以把自己当前的具体情况告诉 DeepSeek,让它帮我们分析影响我们专注力的原因。

例如,一名小学生希望 DeepSeek 能帮他分析自己专注力低的原因,他可以将自己的情况告诉 DeepSeek,然后这样向 DeepSeek 提问:

> 我是一名小学生(自我介绍),我平时每天都准时睡觉,吃饭也很正常,但哪怕是在家没人干扰的情况下学习,我也很难集中注意力,总是想玩手机,就算偶尔集中注意力了,持续时间也很短(详细情况说明)。请根据我的情况,分析我专注力低的原因(具体需求)。

DeepSeek 根据他的情况,对他专注力低的原因进行了分析,如图 2-16 所示。

> 💬 根据你的描述,你是一名作息规律的小学生,但在学习时容易出现注意力分散、想玩手机的情况。这可能由以下几个原因导致:
>
> **1. 大脑发育阶段的特点**
> - 小学生的大脑前额叶(负责控制注意力、计划等高级功能)尚未完全发育,容易受外界刺激影响。
> - 表现:即使没有干扰,也可能被手机、玩具等更有趣的事物吸引。
>
> **2. 手机游戏的"即时反馈"诱惑**
> - 手机游戏或短视频通常会提供快速奖励(如通关、点赞),而学习需要长时间才能看到成果。
> - 表现:大脑本能地选择更轻松、快乐的活动,导致难以投入学习。
>
> **3. 学习内容或方式不适合你**
> - 如果学习内容太难、太枯燥,或方式单一(如长时间做题),容易失去兴趣。

图 2-16 DeepSeek 对专注力低的原因分析示例(节选)

提供专注力训练

DeepSeek 不仅能够帮我们分析专注力低的主要原因,还能根据我们的实际情况,提供一些专注力训练的办法。

例如,一名小学生希望 DeepSeek 能改善他专注力低的问题,他可以将自己的情况告诉 DeepSeek,然后这样向 DeepSeek 提问:

我是一名小学生(自我介绍),我平时每天都准时睡觉,吃饭也很正常,但学习的时候总是很难集中注意力,总是想玩手机(详细情况说明)。请根据我的情况,为我提供一些针对性的专注力训练方法(具体需求),要求一个人在家就能做(其他要求)。

DeepSeek 根据他的情况,提供了一些训练方法,如图 2-17 所示。

> **1. 物理隔离法:减少手机干扰**
> - **行动建议:**
>   - 学习前将手机交给家长保管,或设置"专注模式"(禁用娱乐App)。
>   - 如果必须用手机查资料,可以提前把需要的内容写在纸上,减少碰手机的机会。
>
> **2. 短时高效学习法:番茄工作法(儿童版)**
> - **具体操作:**
>   1. 设定计时器学习 15 分钟(适合小学生的专注时长)。
>   2. 完成后奖励自己 5 分钟自由活动(可喝水、拉伸)。
>   3. 逐渐延长到 20 分钟学习+5 分钟休息。
> - 小技巧:用沙漏代替手机计时,避免分心。
>
> **3. 趣味专注力小游戏**
> - ① 舒尔特方格训练
>   - 在 5x5 的方格中随机填入 1~25 的数字,按顺序快速指认并朗读,每天练习 3 次。
>   - 效果:提升视觉搜索能力和专注速度。
> - ② 听故事复述法
>   - 听一段 2 分钟的故事音频(如寓言、科普),听完后写下或说出关键内容。

图 2-17 DeepSeek 提供的专注力训练方法示例(节选)

超能交流大师 DeepSeek

有时我们会遇到一些不好意思跟别人说,或者找不到人说的烦恼。我们在跟爸妈、老师、同学交流时,也可能会遇到不知道怎么去交流的情况。不用担心,DeepSeek 是一个超能交流大师,它能跟你交流,也能帮你解决交流问题!

你是不是有时候觉得心里闷闷的,却不知道和谁说?这些烦恼压在心里,越想越难受。别担心,DeepSeek 可以当你的"树洞"!你可以把烦恼一股脑儿告诉它,它会帮你分析情绪,为你提供安慰,甚至给出可行的解决方案。

例如,一名同学因为考试没考好,心情很低落,他可以用最简单、直白的方式这样向 DeepSeek 提问:

> 我这次数学没有考好,好烦啊(你的烦恼)。

DeepSeek 会分析他的情绪并给出建议,同时也会给他鼓励,如图 2-18 所示。

> 我能理解你此刻的失落和压力。考试失利带来的挫败感很真实,但请记得一次成绩并不能定义你的价值。也许我们可以这样思考:
> 1. 先接纳情绪,给自己喘息空间
> - 去操场散散步,买杯热饮深呼吸
> - 把烦恼写在纸上(写完后撕碎会神奇地释放压力)
> - 给信任的朋友发条语音,单纯倾诉不说教
> 2. 转换视角看待"回家"
> — 如果担心父母失望,可以试试提前沟通:

图 2-18 DeepSeek 生成的情绪分析与建议示例(节选)

DeepSeek，你贴心又多变的朋友

有时候，你可能会因为感到孤单而想找个人聊聊天，这个时候就可以找 DeepSeek。DeepSeek 可以变成你喜欢的任何角色——可以是陪你讲笑话的幽默的伙伴，可以是知识渊博的和你讨论问题的老师，甚至可以是陪你玩耍的虚拟的"宠物"！

例如，一名同学觉得无聊，想找点乐子，他可以这样向 DeepSeek 提问：

你现在是一只可爱的小猫（设定角色），我们来交流吧。让我摸一摸你的肚子可以吗（你想说的话）？

DeepSeek 会瞬间变成小猫跟他交流。在这个对话中，如果没有让 DeepSeek 改变人设，它会一直作为小猫跟这名同学聊天，如图 2-19 所示。

> 你现在是一只可爱的小猫，我们来交流吧，让我摸一摸你的肚子可以吗？
>
> 🐱 喵呜~（耳朵抖了抖，眼睛亮晶晶地看着你）
> 【突然一个翻滚露出毛茸茸的白肚皮，四只爪爪在空中蹬来蹬去】
> 可以摸哦~但是只能轻轻rua两下！(≧ω≦) 因为……因为喵的肚子可是终极秘密武器！要是摸太久的话——
> 【突然抱住你的手用后jio连环蹬】喵哈哈哈！中计啦！这是「兔子蹬鹰」绝招！
> (翻回来端坐好，尾巴尖得意地翘成小问号) 下次……可以用小鱼干收买喵，说不定就让你摸更久啦！ ฅ^•ﻌ•^ฅ
>
> 那给你小鱼干
>
> 🐱（瞬间竖起耳朵，小鼻子一抽一抽地凑近）
> "喵啦！是金枪鱼味的！"（尾巴炸成蒲公英，爪爪激动地摇晃）
> ——啊呜！【整只猫突然僵住，叼着小鱼干瞳孔地震】
> ……糟糕！人类给的贡品太美味，肚子防御系统自动解除！（咕咚倒下摊成猫饼，爪爪开花）

图 2-19 用 DeepSeek 生成特定角色示例（节选）

如果你喜欢奇幻故事，也可以让 DeepSeek 扮演一个魔法世界的向导，和你一起编写冒险故事！

DeepSeek 帮你成为沟通大师

和同学相处时，你有没有遇到过不知道怎么表达的情况？例如，想拒绝别人但怕伤感情，或者想提建议却怕被误解；又或者和爸妈交流时，想要提出自己的意见又害怕被否决。

DeepSeek 可以模拟各种社交场景，教你如何高情商回应！

例如，一名同学被朋友邀请一起去网吧，但他不想去，又怕朋友不高兴，他可以这样向 DeepSeek 提问：

我是一名学生（自我介绍），朋友约我去网吧，但我不想去（情况说明），该怎么拒绝才不会让他生气（具体要求）？

DeepSeek 就会为他提供一个得体的交流方式，让他既能坚持自己的原则，又不伤害友谊，如图 2-20 所示。

拒绝朋友时，核心原则是「真诚+尊重+替代方案」，既能守住自己的边界，又不伤害友情。以下是几种自然又不尴尬的拒绝方式，你可以根据朋友性格选择使用：

1. 直接但友好的拒绝（适合关系较铁的朋友）
话术示例：
"这次我就不去啦，我对网吧实在提不起兴趣，不过咱们可以约XX（替代活动）！"
效果：
☑ 明确表达意愿
☑ 用 "替代方案" 转移注意力
替代活动建议：
- 约篮球/羽毛球（"不如去打球？网吧空气太闷了"）
- 联机手游（"要不找个奶茶店开黑？我请喝奶茶"）
- 线下聚会（"去你家打Switch怎么样？"）

图 2-20 用 DeepSeek 生成拒绝请求示例（节选）

三
全能语文导师

为我定制书目，培养阅读兴趣

你有没有遇到过这样的情况：有时候爸妈会给你买一些他们觉得很好的书，让你去读，老师也会推荐一些书给你，你却一点都不想看？

不想看书，原因有什么？

原因一：缺乏阅读兴趣。 爸妈和老师推荐的书，都是他们觉得适合你的，认为你应该看的，但这些书可能让你感到枯燥，看不下去。除此之外，看了书却找不到人讨论，也会让人丧失阅读兴趣——相比之下，同学们热议的动画片反而更具吸引力。

原因二：没有养成阅读习惯。 在碎片化信息充斥的现代社会，书好像离我们越来越远。比起快节奏又好玩的视频和游戏，书实在不够"刺激"，因此我们总是会被前者吸引。这种情况下，我们很难培养出良好的阅读习惯。

这两点往往同时存在，如果对书的内容缺乏兴趣，自然没耐心去阅读，更别说发现阅读的乐趣并养成阅读习惯了。

那么，DeepSeek 能怎么帮我们解决这两个问题呢？

爸妈根本不知道我想看什么，但 DeepSeek 知道

DeepSeek 擅长推理分析，我们可以将自己的年龄、兴趣、喜欢的书籍、节目甚至游戏等信息告诉 DeepSeek，然后开启"联网搜索"功能，让它给我们推荐自己感兴趣的书。

例如，一名四年级的女生，喜欢中国传统文化，爱看动画片，也有几本特别喜欢的书。她可以这样向 DeepSeek 提问：

我是一名四年级的女生（自我介绍，如果愿意可以更详细），喜欢中国传统文化（爱好），爱看动画片（列举你最喜欢的几部动画片），也喜欢这几本书（列举你最喜欢的书籍），能帮我推荐一些我可能感兴趣且适合我的书吗（需求说明）？

DeepSeek 会认真分析她的喜好，为她推荐书目，如图 3-1 所示，不过要注意，DeepSeek 会"凭空捏造"一些不存在的书籍，建议先通过网上搜索确认这本书是否存在。

根据你的兴趣和阅读偏好，结合中国传统文化、奇幻元素以及温馨幽默的校园故事，以下是为你精心挑选的书单推荐：

一、传统文化与国学启蒙
1. 《诗人那些事儿》（夫子著）
   - 《诗人那些事儿》以生动有趣的故事讲述李白、杜甫等诗人的生平轶事，语言轻松幽默，带你穿越回古代，感受诗人的才情与浪漫 4 9 。
2. 《趣读〈论语〉》（章青必著）
   - 《趣读〈论语〉》用漫画和现代场景重新演绎孔子的智慧，如"学而时习之"变成如何高效写作业的小技巧，既贴近生活又充满哲理 9 。

图 3-1 DeepSeek 定制书目示例（节选）

DeepSeek，你随叫随到的读书搭子

你是否有过这样的体验？读完一本书后，很喜欢里面的某个情节或某个人物，急切地想跟人讨论。可爸爸妈妈要么忙于工作没有时间，要么没读过这本书，同学们也不感兴趣。你找来找去，找不到一个能分享感受的人。有着满腔想法却无处诉说的你感觉憋坏了，就连读书带来的乐趣似乎也变少了。

但是，不用担心，DeepSeek 就是你 24 小时在线的读书搭子！它知识广博，你甚至还能要求它按照你设定的性格跟你聊天。

例如，一名刚读完《三国演义》的同学，很喜欢关羽，他想找一个人讨论"败走麦城"这部分内容，他可以这样向 DeepSeek 提问：

我是一名六年级的学生（自我介绍），刚读完《三国演义》（书名），特别喜欢关羽，但为什么他会败走麦城呢（具体情况说明）？假如你是我的同学，也很喜欢关羽（要求 DeepSeek 扮演的角色设定），能用他的语气跟我聊聊吗（需求说明）？

DeepSeek 会用设定的角色口气跟他展开讨论，如图 3-2 所示。

（拍你肩膀，一脸痛心）哎兄弟，你也为关二爷败走麦城难受是吧？我跟你说，这事儿气得我昨晚啃了三个鸡腿都没缓过来！

（掏出"青龙偃月笔"在课本上狂画）你看啊——二爷本来威震华夏，吓得曹操都想搬家！但东吴那帮老六（咳，我是说吕蒙、陆逊）太阴了！假装投降+白衣渡江，直接把荆州偷了！二爷回头一看家被偷了，跟咱们打王者被偷塔一样憋屈！

（突然捶桌子）最气人的是刘封、孟达这俩队友！二爷求救他们居然挂机！要是张飞、赵云在，直接一波反杀了好吗！（冷静点喝口水）不过……二爷就是太傲了，瞧不起孙权还骂人家"犬子"，结果被群殴了……唉，这剧情就像我最爱的奥特曼非要1v5还拒绝变身，编剧纯属给关二爷加悲情Buff啊！

图 3-2 DeepSeek 读书陪聊示例（节选）

养成阅读习惯原来这么简单

好习惯需要坚持,阅读习惯更是如此。很少有人今天读几页短篇小说便犯困,明天就能捧着好几百页的典籍认真读。

所以,千万别因为暂时读不进书就觉得自己"不是读书的料",你可能只是没养成习惯。

DeepSeek 能根据你的情况,量身定制阅读习惯养成计划。跟着计划一步步来,你会发现,原来坚持阅读这么简单!

例如,一名连 10 页名著都看不下去的同学想要培养自己的阅读习惯,他可以这样向 DeepSeek 提问:

我是一名六年级的学生(自我介绍),我现在连 10 页名著都看不下去,每天晚上 10 点才能完成作业(具体情况说明),想要一个可执行的阅读习惯培养计划(需求说明)。

DeepSeek 根据这名同学的情况制订了计划,如图 3-3 所示。

> 阶段三:突破长文本(第5周起)
> 目标:逐步攻克10页+名著
> 1.「登山式阅读」训练
>   ○ 每周选3天进行阶梯挑战(例):
>   ▷ 周一:专注读5分钟(约2页)
>   ▷ 周三:读7分钟+用荧光笔划1句喜欢的描写
>   ▷ 周六:读10分钟+给父母讲个情节梗概
> 2.「同伴激励法」
>   ○ 和同学组队读《哈利波特》简写版,每天微信群打卡(发语音讲1个悬念点,如"赫敏今天用了哪个中国法术?")

图 3-3 DeepSeek 制订的阅读习惯培养计划示例(节选)

做好阅读计划，成为阅读达人

有时候，老师和爸妈总会推荐很多课外书要你读，你也知道读这些书的好处，也想把它们都读完，但作业已经做不过来了，又该怎么抽出时间读完这些书呢？

别焦虑，DeepSeek 能从两个方面帮到你，让你轻松读完这些书，成为阅读达人。

先读哪个后读哪个？DeepSeek 告诉你

把你要读的书都告诉 DeepSeek，让它帮你按照顺序排列，让你更快读完这些书。

例如，一名五年级同学想在本学期按书的难易程度看完手里的一些书，不知道如何排序，她可以这样向 DeepSeek 提问：

我是一名五年级的学生（自我介绍），本学期我要看完这些书（列出书目），请按照由易到难的顺序对这些书进行排列（需求说明）。

DeepSeek 会分析这些书的特点，为她安排一个阅读顺序，如图 3-4 所示。

> 第二阶段：短篇突破（3~5 周）
> 目标：通过短文本适应文学表达
> 1. 《跳水》《威尼斯的小艇》
>   ○ 精读契诃夫的《跳水》，对比马克·吐温的《威尼斯的小艇》的细节描写手法
> 2. 《俗世奇人》
>   ○ 每天读 1~2 个人物故事（如刷子李、泥人张），尝试用四字成语概括人物特点
> 3. 《会说话的汉字》
>   ○ 配合短篇阅读，每天研究 2 个汉字演变（如"跳""艇"），写在书页空白处

图 3-4 DeepSeek 安排的阅读顺序示例（节选）

三　全能语文导师

DeepSeek 帮你制订快速阅读计划

DeepSeek 还能为你制订更详细的阅读计划，帮你更快完成阅读。

例如，之前那名五年级的同学想让 DeepSeek 根据她的具体情况，帮忙生成更详细的阅读计划安排，她可以这样向 DeepSeek 提问：

我是一名五年级的学生（自我介绍），周一到周五我每天只有一小时的读书时间，周末和假期每天有 3 小时的读书时间（详细情况），本学期我要看完以下书（列出书目），帮我制订一个能在学期内读完这些书且剩下时间充裕的阅读计划（需求说明）。

DeepSeek 会分析这些书的特点，为她规划阅读顺序，如图 3-5 所示，如果她觉得不满意，可进一步追问"每周的具体安排是什么"等细节问题。

☐ 分期阅读方案：

【第1~4周】建立阅读节奏
《西游记》（青少版）：每天20页 → 4周完成
《朱自清散文》：每天1~2篇 → 同步阅读
《会说话的汉字》：周末学习5个字 → 同步积累

【第5~8周】深入阅读
《三国演义》（青少版）：每天25页
《威尼斯的小艇》：周末每天读2篇
《长辫子古诗》：每天晨读1首（10分钟）

图 3-5 DeepSeek 安排的阅读计划示例（节选）

DeepSeek 帮你成为阅读达人

当然,想成为一个阅读高手,仅读完书是不够的,我们还需要提升阅读技巧。而 DeepSeek 能在这方面为你提供帮助。

学会选择性阅读。阅读书籍或文章时,懂得根据内容选择精读或泛读,并思考其中的重点。

例如,一名三年级的同学手上有《格林童话》,他不知道应该精读还是泛读,阅读重点是什么,他可以这样向 DeepSeek 提问:

我是一名三年级的学生(自我介绍),请告诉我《格林童话》(列出书名)应该精读还是泛读,并说明阅读重点和思考点是什么(需求说明)。

DeepSeek 会分析书籍的特点,并提供具体的阅读建议,如图 3-6 所示。

二、精读还是泛读?

建议:两者结合!

1. 精读5~8篇(选你最喜欢的):
   ○ 逐段理解,划出好词好句。
   ○ 思考故事的道理。
2. 泛读其他篇目:
   ○ 快速读完,了解故事情节即可,培养阅读兴趣。

图 3-6 DeepSeek 生成的《格林童话》阅读建议示例(节选)

要带着问题阅读。 阅读书籍时,要带着问题去读,对书籍中提出的观点,要多方位思考。

例如,一名四年级同学正在读《匹诺曹》,他不知道应该带着什么问题读。他想知道其他人对匹诺曹的不同看法,他可以这样向 DeepSeek 提问:

我是一名四年级的学生(自我介绍),正在阅读《匹诺曹》(情况介绍并列出书名),请告诉我,我可以带着什么问题去读,以及针对这本书的内容,都有哪些不同观点(需求说明)。

DeepSeek 会分析书籍的内容,告诉他应该怎样思考,并给出相关观点,如图 3-7 所示。

💡 现实关联
6. 现代版思考
  ○ 如果把"说谎鼻子变长"改成"玩手机太久耳朵变大",这个故事会发生在哪里?
  ○ 你觉得爸爸造的木偶和现代孩子玩的机器人,有什么相同点?

🌈 关于这本书的5种不同观点
(像多棱镜一样看故事)
1. 传统教育观
  ○ ▶ 认为故事告诉我们要"诚实听话",否则会像匹诺曹一样倒霉
  ○ 证据:说谎 → 鼻子长,逃学 → 变驴子
2. 儿童权利观
  ○ 反对观点:匹诺曹只是好奇探索世界,大人不该用惩罚教育
  ○ 证据:他去木偶剧场是因为热爱表演,不是故意学坏

图 3-7 DeepSeek 生成的《匹诺曹》阅读思考及观点示例(节选)

助你轻松背诵古诗文

你是否也曾为背诵古诗文头疼不已？是否因在课堂上背不出古诗文的下一句而脸红耳赤？为什么反复背诵还是记不住？

其实，主要有以下三个"拦路虎"在作怪。

原因一：看不懂。 古诗文中的很多词汇在我们的日常生活里几乎不会被用到，以至于我们对这些词汇非常陌生，难以理解，甚至还有些词的意思跟现在的意思差别很大。例如，"走"在古代意为"跑"，而在现在，其意为"正常的走路"。这些情况都加大了古诗文的记忆难度。

原因二：读不通。 古诗文中的很多句式不同于我们现在的说话方式，这种不同让我们很难流畅地把它们读出来，更何况是记住。

原因三：没画面。 古诗文中有很多我们没有接触过的意象，还有一些我们不了解的典故，读起来难以想象出画面，所以不容易记住。

DeepSeek 为你设计古诗文记忆方法

背诵古诗文虽然有难度，但也不必害怕，DeepSeek 能够帮我们拆解古诗文的意象与结构，并根据不同的古诗文，设计不同的方法帮你快速记住它们。

例如，你需要背诵古诗《山居秋暝》，就可以这样向 DeepSeek 提问：

请给几个能帮我快速背下《山居秋暝》（列出古诗文名称）的方法。

DeepSeek 会分析这首诗的特点，并为你提供方法，如图 3-8 所示。

🔥 五大创意记忆法（亲测有效）
1. 画面切割法——把诗变成4格漫画
💡 步骤：
① 空山新雨（想象雨后雾气缭绕的深山）
② 明月清泉（月亮透过松枝，溪水流过石头）
③ 竹喧莲动（竹林里洗衣姑娘笑闹，荷叶下渔船划过）
④ 王孙自留（诗人潇洒倚门看风景）
🔑 秘诀：每次背到某句就快速闪现对应画面
2. 节奏洗脑法——用流行歌曲旋律唱
🎵 推荐曲调：
• 《孤勇者》节奏："空~山~新雨后~（捶胸口动作），天~气~晚来秋~（抬手看表）"
• 说唱版（打响指节奏）："明月松间照yo~清泉石上流skr~"
    📱 进阶操作：用DeepSeek生成古诗RAP伴奏
3. 场景联动法——把诗句变成身体剧本
🧠 记忆剧场：
• 背"竹喧归浣女"时 ✋假装拨开竹子（双手拨动）+横仿拧衣服动作
• 背"莲动下渔舟"时 🤚手掌当荷叶摆动+身体左右摇晃如坐船
    💡原理：动作记忆比纯文字记忆牢固3倍

图 3-8　DeepSeek 提供的《山居秋暝》背诵方法示例（节选）

更长一点的古诗文也能让 DeepSeek 为你提供阅读与背诵技巧。

例如,将上一个提问中的《山居秋暝》替换为《出师表》,并进一步向 DeepSeek 提问:

> 请给几个能帮我快速背下《出师表》(列出古诗文名称)的方法,并说明背诵时有哪些注意要点(具体要求)。

DeepSeek 会根据这首古诗文的特点,生成针对性的背诵要点,如图 3-9 所示。

- 人名典故具象化:
  - "郭攸之、费祎、董允" → 联想谐音"锅油费一桶"(厨房场景)。
  - "五月渡泸,深入不毛" → 画面:诸葛亮在热带(泸水)挥扇子赶蚊子。
- 数字挂钩:
  例如第三段有3条建议(开张圣听、赏罚公正、亲贤远佞),对应手势①👆、②✌️、③👌。
4. 15分钟碎片复习术
- ⏳ 黄金时间点:晨起后、睡前、饭后15分钟,用手机备忘录写每段首字提示:
  例如:"先→然→侍→臣→今→至",根据首字回忆全文。
- ♟️ 移动记忆法:走路时每迈一步背一句,空间感能强化记忆(心理学证实有效)。

⚠️ 背诵注意要点
1. 死穴:忽略虚词
  - 重点攻克"而、以、于、之"等虚词,易背错处单独标注。
  - 例:"受任于败军之际,奉命于危难之间"(两"于"字易漏)。
2. 语感 > 死记
  - 先模仿古文的停顿和气息(如"先帝/创业未半/而中道崩殂"),背起来更顺口。

图 3-9　DeepSeek 提供的《出师表》背诵要点示例
(节选)

快速生成古诗文知识图谱

古诗文中经常有很多要记忆的知识点，如创作背景、典故、通假字、特殊句式等，你是否也曾被这些知识点弄得晕头转向？

为你搜集整理古诗文资料

DeepSeek 拥有丰富的数据库，它还能"联网搜索"，可快速搜集并整理你想要的古诗文，省去你自己查找的麻烦。

例如，一名初中生在预习《陈太丘与友期行》一课时，他想了解这篇文章的背景，就可以这样向 DeepSeek 提问：

> 我是一名初中生（自我介绍），我正在预习《陈太丘与友期行》这篇课文（情况介绍并列出篇目），需要你帮我搜集整理相关资料（需求说明），包括出处、创作背景、重点字词句等方面的内容，要求内容准确（详细需求）。

DeepSeek 会搜集资料并整理出各项内容，如果他开启了"联网搜索"模式，还能看到它引用的网页内容，方便他核实信息的可靠性，如图 3-10 所示。

---

2. 陈元方
陈寔长子，时年七岁。面对友人的指责，他以"无信""无礼"据理反驳，展现聪慧与方正之气 3 10 。
3. 友人
失信迟到且对子骂父，后因元方的批评感到惭愧，知错能改 9 10 。

四、重点字词解析
（一）通假字与古今异义
1. 通假字
  ○ "不"通"否"：尊君在不（句末表询问） 3 7 。
2. 古今异义

图 3-10　DeepSeek 提供的《陈太丘与友期行》相关资料示例（节选）

让古诗文知识变得有趣

如果你觉得 DeepSeek 生成的内容文字太多,一点也不方便理解,那么可以向它提出进一步的要求——将知识变得更直观、更有趣。当然,你还可以通过"上传文件"功能把你整理的笔记给它,让它帮你构建一个有趣的知识图谱。

以刚才已经整理出资料的《陈太丘与友期行》为例,你可以这样向 DeepSeek 提问:

根据以上资料(提交古文资料,可以是它生成的,也可以是你上传的),帮我搭建一个有趣又便于理解、记忆的《陈太丘与友期行》知识图谱(需求说明),要重点突出,逻辑严谨(详细需求)。

DeepSeek 生成了一个逻辑清晰,还带着有趣图案的知识图谱,如图 3-11 所示。

```
【知识图谱】
(附逻辑框架与趣味符号)

● 核心主题
诚信为本·礼仪为纲
▶ 关键词:信(守信/信用)、礼(礼节/尊重)、方正(正直)
▶ 图标:🤝(握手表信)、🎩(礼仪帽)、⚖(平衡表公正)

□ 故事脉络(时间轴)
1 约定
▶ 陈太丘与友期行(约定正午同行)→ "期"(古义:约定)
2 失信
▶ 友人"过中不至" → 陈太丘"舍去"(守时原则)
3 冲突
▶ 友人怒骂:"非人哉!相委而去!" → 元方反驳:"无信""无礼"
4 结局
▶ 友人"惭" → 元方"入门不顾"(孩童直率)
```

图 3-11　DeepSeek 生成的《陈太丘与友期行》知识图谱示例(节选)

制作学霸般的思维导图

　　DeepSeek虽无法直接绘制思维导图，但是它能帮我们构建古诗文的知识点结构框架，配合一些能画思维导图的软件，就能帮我们创作古诗文的思维导图。

　　例如，还是以《陈太丘与友期行》为例，你想让它帮你把知识点整理成思维导图的结构框架，可以这样向DeepSeek提问：

　　根据以上资料（提交资料），帮我制作一个思维导图（需求说明），并以Markdown格式输出内容（关键提示句，关系到其他软件能否识别思维导图的结构框架）。

DeepSeek 就会生成类似图 3-12 所示的内容。

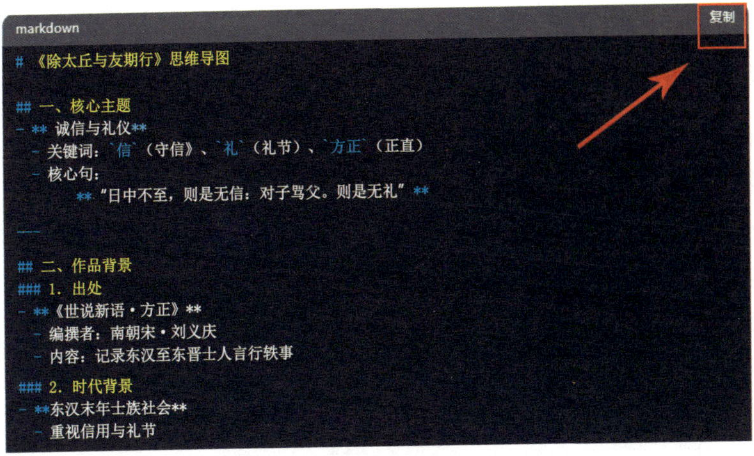

图 3-12 DeepSeek 生成的《陈太丘与友期行》知识点思维导图结构框架示例（节选）

我们要将 DeepSeek 生成的内容以 Markdown 文件格式保存下来。

单击右上方红框的"复制"，如图 3-12 所示，新建一个电脑文本文档，将复制的内容粘贴到文档里，然后单击"保存"。**在保存时，注意将保存类型改为"所有文件"，并将文件后缀的 .txt 改成 .md**，如图 3-13 所示。

图 3-13 电脑保存 Markdown 文件示例

接下来,找一个能制作思维导图的软件,如 Xmind。这个软件可以下载安装后使用,也可以在网页上直接使用。

打开 Xmind,新建一个思维导图,再单击页面左上方功能里的"文件"—"导入"—"Markdown",如图 3-14 所示,在弹出的"打开窗口"中选择之前保存的那个 Markdown 文件。

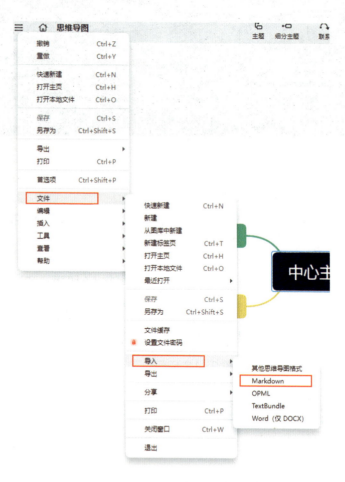

图 3-14 电脑版 Xmind 导入 Markdown 文件功能位置示例

然后,你将会得到一个堪比学霸笔记的思维导图,如图 3-15 所示。

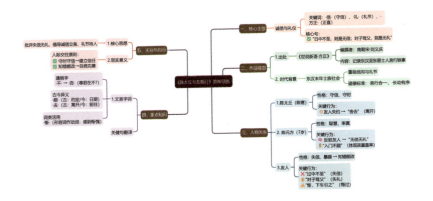

图 3-15 《陈太丘与友期行》知识点思维导图示例

悄悄说一句,上面提到的 DeepSeek 用法不仅能用在古诗文上,现代文也是可以的。

打造要点明确的学霸笔记

你是否有过这样的困扰：上课时老师讲的内容你都认真地记了下来，可等到复习时，面对密密麻麻的文字，却完全找不到重点在哪里。

这时，你或许很苦恼，重新梳理这些内容不仅费时而且费力，还不一定能梳理好。那么，怎么才能快速把自己乱糟糟的笔记改造成学霸那样重点明确的笔记呢？

在探讨 DeepSeek 能为我们做什么之前，先来了解一种能够突出重点的笔记方法——康奈尔笔记法（5R 笔记法）。

康奈尔笔记法是一种很适合课堂笔记的笔记方法，它的关键点就是把页面分为三个功能区域：线索区、笔记区和总结区，布局如图 3-16 所示。

线索区	笔记区
总结区	

图 3-16　康奈尔笔记法的三个功能区域

康奈尔笔记法怎么用

康奈尔笔记法要怎么用?具体来说,就是下面五个步骤。

记录(Record) 在听课过程中,将核心内容、关键信息、重要概念等写在笔记区里。

简化(Reduce) 课后,结合课堂内容,对笔记区里的内容进行简化,以关键词、问题或提示的形式呈现在线索区。

背诵(Recite) 完成记录和简化后,把笔记区的笔记内容遮住,只看线索区里的"线索",尽可能完整地将笔记内容说出来。

思考(Reflect) 将自己的感想或者疑惑记录在总结区里。

复习(Review) 定期复习笔记,根据线索区中的关键词进行复习,实在想不起来的时候再看笔记区。

或许你会觉得这个笔记方法好是好,但是很麻烦,自己也不擅长提炼笔记内容,完全没有头绪。

这时候,DeepSeek 就可以出场了!

DeepSeek 让你的笔记升级

你可以把自己的笔记上传给 DeepSeek，让它用康奈尔笔记法帮你整理笔记内容。

但是要注意，康奈尔笔记法的总结区应该是由你自己填写的，不能交给 DeepSeek 帮忙。

例如，一名四年级的同学做了《观潮》的课堂笔记，但是有点乱，他想让 DeepSeek 用康奈尔笔记法帮忙整理。他可以这样向 DeepSeek 提问：

我是一名四年级的学生（自我介绍），请根据我上传的笔记（上传你的笔记），用康奈尔笔记法帮我整理《观潮》的课堂笔记（需求说明），但不要写总结区的内容（总结区自己填）。

DeepSeek 整理了相关笔记，如图 3-17 所示。

📋 线索区（关键词提问）
1. 作者是谁？描写了什么？
2. 潮来前江面和人群是怎样的？
3. 潮来时用了哪些比喻句？声音像什么？
4. 潮去后有什么变化？

📒 笔记区（正文内容）
一、基础信息
• 作者：赵宗成、朱明元
• 主题：钱塘江大潮的壮丽景象（潮来前→潮来时→潮去后）
二、生字词
1. 易错字：

图 3-17 DeepSeek 生成的笔记整理示例（节选）

DeepSeek,你的超能写作助手

写作文是不是常常让你感到头疼?看到题目却毫无灵感;写出来的文章普普通通,不够生动有趣;作文分数总是不高,却不知道如何改进?别担心,DeepSeek 能帮你解决这些写作难题!

DeepSeek 帮你找到作文灵感

例如,一名小学生面对"自然界的花花草草各有特点,形态万千,有的气味芬芳,有的颜色鲜艳。请仔细观察一种植物,按照一定的顺序,写观察日记记录它成长变化的过程。注意语句要通顺,表达出对植物的喜爱之情"这样一篇作文,不知道要写什么,他可以这样向 DeepSeek 提问:

我是一名小学生(自我介绍),请根据"……"(作文题目和要求),给我提供一些写作灵感(需求说明)。

DeepSeek 生成了对应的作文灵感提示,如图 3-18 所示。

🌱 四年级观察日记写作灵感包 🌸

1. 选个"有戏"的植物
- 向日葵:每天追着太阳转头的小太阳(可画成长身高曲线图)
- 含羞草:一碰就害羞捂脸的"戏精"(记录触碰前后的叶片变化)
- 绿萝:从玻璃瓶里垂下"绿瀑布"(每周测量最长藤蔓长度)

2. 观察顺序魔法公式
👀 从下往上扫描法:

① 泥土里的秘密:根须像老爷爷的白胡子
② 茎干特写:摸起来是凉凉的吸管/毛茸茸的狼牙棒
③ 叶片变形记:新叶像小饺子,老叶像撑开的伞
④ 花果剧场:花苞打哈欠→花瓣伸懒腰→结果实藏宝

3. 让植物会说话
- 拟人化观察:
  - "绿豆苗第三天:顶着种壳帽子,像刚起床没梳头的小孩"
  - "茉莉花骨朵:晚上偷偷喷香水,早上全班都闻到了"

图 3-18 DeepSeek 生成的作文灵感示例(节选)

让语言生动起来

有时候,作文虽然写出来了,但读起来干巴巴的,像记流水账一样。例如,只能写出"我今天玩得很开心"或"树叶绿了"这样简单的话,却不知道怎么让文字变得更加生动。这时,你可以让 DeepSeek 提供一些范例,让你知道,还有哪些让作文语言变得更生动的办法。

例如,一名同学写秋天的桂花"桂花的味道传来,好香啊",他觉得这句子太平淡了,就可以这样向 DeepSeek 提问:

这是我写的一句话:"桂花的味道传来,好香啊"(你的描写),可以帮我提供一些让这句话语言变得更生动的办法吗(需求说明)?

DeepSeek 根据他的需求提供了语言改进建议,如图 3-19 所示。

🌼 五感爆炸法
原句:桂花的味道传来,好香啊
升级版:
1. 视觉+嗅觉:"金灿灿的桂花噗嗤一笑,甜津津的香气就溜进我鼻尖啦"
2. 触觉联想:"秋风捧着桂花香轻轻蹭过脸颊,像被太阳晒过的绒毛毯子裹住了脸"

📖 拟人化小剧场
原句:桂花的味道传来,好香啊
升级版:
1. "桂花们躲在绿叶后面开香氛派对,风娃娃偷喝醉了,打着香喷喷的嗝路过我"
2. "每朵桂花都举着隐形香水瓶,朝着过路人的鼻子'呲——'地偷袭"

图 3-19 DeepSeek 生成的句子语言改进建议示例(节选)

DeepSeek,你的随身作文老师

你是否遇到过这样的困扰?明明认真写了作文,分数却总是不理想,老师的批语也只有简短的"内容单薄"或"描写不够详细",以至于你不清楚怎么改进。没关系,DeepSeek 可以是你的随身作文老师,帮你找到作文里的问题,并提出改进建议。

例如,一名小学生根据作文题目写了一篇自己和小猫的作文,老师给了点评,但他觉得不够具体,想知道问题在哪里,怎么改进。他可以先上传作文,然后这样向 DeepSeek 提问:

我是一名小学生(自我介绍),这是我写的作文(你上传的作文内容),作文题目是"……"(提交作文题目),老师的点评是"基本符合题目要求,内容较简单,缺乏细节描写,语言表达较平淡"(点评内容),请更详细地点评我的作文,并给出改进建议(需求说明)。

DeepSeek 为他提供了作文改进建议,如图 3-20 所示。

▣ 优点分析
1. 紧扣题目:你选择了小猫作为比较对象,符合"人类与动物关系微妙"的主题,并列举了多个相似点(睡觉、爱干净、玩耍等)。
2. 结构清晰:开头自我介绍,中间列举相似点,结尾总结,逻辑流畅。
3. 童趣表达:如"小猫跟着我跑来跑去""我们俩都很开心",能感受到你对小猫的喜爱。

🔍 老师指出的问题解析
1. 内容较简单:相似点列举较直白(如"眼睛大""喜欢吃鱼"),缺乏独特性和深度。
2. 缺乏细节描写:如"玩球"的场景可以更具体,小猫的动作、表情、声音等未展开。
3. 语言表达较平淡:多用"是""喜欢"等简单句式,形容词和修辞手法较少。

图 3-20 DeepSeek 给出的作文改进建议示例(节选)

DeepSeek 帮你搜集作文素材

你是否也有这样的问题：每当摊开作文本准备写作文时，脑袋里总是空空的。这种"写作卡壳"的困境着实让人焦虑。这时你可以向 DeepSeek 求助。

例如，一名五年级的小学生希望 DeepSeek 帮助他搜集作文素材，他可以将自己的情况告诉 DeepSeek，然后这样向 DeepSeek 提问：

我是一名五年级的小学生（自我介绍），需要以《我最心爱的礼物》（作文题目）为题写一篇作文。要求写清楚礼物的样子、来历、与之相关的故事等，表达自己的感情（具体要求）。请给我搜集一些作文素材（具体需求）。

DeepSeek 根据他的要求，提供了一些相关的作文素材、结构参考、技巧等，如图 3-21 所示。

作文素材四：魔法天气瓶
样子：琥珀色玻璃瓶里的液体会随天气变化结晶，晴天开雪花，雨天绽珊瑚，雾天则升起羽毛状絮丝，瓶底刻着"风云皆是礼物"。
来历：在山区支教半年的表姐寄来生日包裹，附信中写：" 这里的孩子看云识天气，他们说乌云镶着金边时，远方的人就会送来彩虹。"
事例：上周台风来袭，瓶内暴风般旋转的晶体让我提前把阳台花盆搬进屋。清晨发现液体凝成晴空下的麦穗状，果然午后天空绽开棉花糖云，我拍下瓶子发邮件给表姐："山风和海云在瓶子里握手啦！"
结构参考
开头：用五感唤醒礼物（例：关掉台灯的那一刻，贝壳日记本在黑暗中泛起磷光，像搁浅的月亮）
中间：
1. 来历故事中的温暖细节（谁送的？当时有什么特别对话？包装盒/附信等记忆点）
2. 日常使用时的神奇时刻（帮助自己或他人的具体场景，突出礼物的"超能力"）

图 3-21 DeepSeek 提供的作文素材示例（节选）

DeepSeek 帮你学会审题

写作文时最让人抓狂的是什么？看到作文题目和要求，我们的脑子却像浆糊一样。铅笔头都快咬变形了，作文本上却还空荡荡的。当遇到看不懂的作文题目和要求时，别慌！DeepSeek 帮你审题。

例如，一名六年级的小学生要以《味道》为题写一篇作文，他不清楚题目和要求的意思，可以这样向 DeepSeek 提问：

我是一名六年级的小学生（自我介绍），我要以《味道》（作文题目）为题写一篇作文。作文的要求是这样的：请围绕生活中的味道，如酸、甜、苦、辣、咸进行构思，写一篇记事的记叙文（具体要求）。请帮我分析题目，并给我一些写作方向（具体需求）。

DeepSeek 根据他的要求，对作文题目和要求进行分析，提供了与味道相关的素材库和高分结构模版等参考信息，如图 3-22 所示。

> 题目分析：
> 题目《味道》需要将味觉体验与生活经历相结合。重点在于通过具体事件，把酸甜苦辣咸五种味道与情感体验联系起来。例如，甜可以是成功的喜悦，苦可以是失败的辛酸，辣可以是挑战的刺激等。关键在于用味道作为线索，串起一件完整的事。
>
> 写作方向建议：
> 1. 家庭场景——厨房里的成长
> 构思示例：
> - 开头：闻到妈妈炒菜的香气（引出味道主题）
> - 事件：第一次做西红柿炒鸡蛋
>   - 酸：挤柠檬汁时酸味扑鼻→联想到学切菜时手忙脚乱的酸涩
>   - 苦：炒焦鸡蛋的煳味→对应反复失败的沮丧
>   - 辣：误撒辣椒面的呛鼻→比喻妈妈严厉指导时的紧张
>   - 甜：最终成品获得夸奖→心里泛起蜜糖般的成就感
> - 结尾：明白生活如做菜，酸甜苦辣都是成长的养分
>
> 图 3-22 DeepSeek 审题示例（节选）

四
专职数理教练

DeepSeek 帮你建立高效错题本

你有没有这样的烦恼,在学习数学时,感觉知识点又多又杂,公式难以理解?看到综合题就大脑死机?错题本越记越厚,分数却没有提高?

这是什么原因?我们一起探讨一下吧!

原因一:公式记忆机械化。 对数学公式的记忆仅停留在表面,未能理解其核心含义与推导逻辑,导致需要应用时想不起来。

原因二:思维惰性强。 在学习过程中缺乏主动思考的习惯,过度依赖老师示范和讲解。

原因三:训练模式低效。 做了很多题目,但缺乏对错题根源的系统性分析,同类错误反复出现。

DeepSeek 怎么帮助我们改善这些问题呢?

让 DeepSeek 为你梳理知识点

在每次预习或者复习的时候,你可以把章节主题告诉 DeepSeek,让它帮你梳理出完整的知识框架。

例如,一名六年级的同学在学习分数乘法时遇到了困难,就可以这样向 DeepSeek 提问:

我是一名六年级的学生(自我介绍),在学习分数乘法时遇到了困难,感觉不是很明白(具体问题)。请用我能听得懂的语言解释分数乘法,并举例说明(需求说明)。

开启"深度思考"模式后,DeepSeek 会给我们展示它的思考过程。可以看到,它考虑到了小学生的接受能力,从不同方面思考如何为我们讲解,非常贴心,如图 4-1 所示。

接下来,它像一位耐心细致的老师,给我们讲解分数乘法,如图 4-2 所示。

嗯,用户是一名六年级的学生,在学习分数乘法时遇到了困难。他需要的是用简单易懂的语言来解释,还要有例子。首先,我得回想一下分数乘法的基本概念,怎么才能让小学生理解呢?

首先,分数乘法可能让他们困惑的地方在于,为什么分数相乘的结果会比原来的数小,比如1/2乘以1/2等于1/4。这可能和他们之前学的整数乘法不同,整数相乘通常会变大,所以这里需要解释清楚。

然后,可能需要用直观的例子,比如分蛋糕或者披萨。例如,把半个披萨再分一半,就是四分之一。这样用实物来比喻可能更容易理解。

图 4-1 DeepSeek 生成的分数乘法讲解思考过程示例(节选)

分数乘法的口诀:
"上乘上,下乘下,结果约分就搞定!"
(也就是:分子×分子,母×母,最后约分)

步骤拆解:
1. 例子:你想算 $\frac{1}{2} \times \frac{3}{4}$。
2. 第一步:分子相乘→1×3=3
3. 第二步:分母相乘→2×4=8
4. 结果:$\frac{3}{8}$(像把蛋糕切八小份,再取其中的三小份)

图 4-2 DeepSeek 生成的分数乘法讲解示例(节选)

让 DeepSeek 为你诊断知识漏洞

每次做完作业或者练习后，可以把作业内容输入或者上传给 DeepSeek，并输入指令"按照（教材版本＋年级）数学作业批改标准批改，并标注错误类型和对应的知识点"，只需几秒，它就能生成你的作业批改结果，精准定位你的问题，是计算粗心、公式混淆还是应用题理解偏差？一目了然！

例如，一名四年级的同学写完作业后，把自己的作业内容上传（图片）给 DeepSeek，然后这样向 DeepSeek 提问：

我是一名四年级的学生（自我介绍），请按照人教版四年级数学作业批改标准批改我上传的作业（需求说明），并标注错误类型和对应的知识点（具体要求）。

DeepSeek 检查了他的作业，给出了相应的批改结果和总结建议，如图 4-3 所示。这能帮他快速发现自己的问题。

1. 乘法计算错误：80×3＝240，误算为230。
- 对应知识点：
   ○ 两位数乘法（如 80×3＝240）。

第三题：72÷6÷2
- 答案：14 ✘ （正确答案应为6）
- 错误类型：
   1. 连除运算顺序错误：未从左到右计算，错误先算6÷2。
- 对应知识点：
   ○ 连除法的运算顺序（如72÷6＝12，再12÷2＝6）。

第三题右边：15×6÷9
- 答案：10 ✓
- 步骤分析：
   ○ 正确运用了先乘后除的顺序，结果正确。

图 4-3　DeepSeek 检查作业结果示例（节选）

让 DeepSeek 帮助你进行错题分析

所有数学老师都强调要重视错题,你把错题记下来了,却不知道怎么去分析错题,这时候,你就可以把做错的数学题目上传(图片)给 DeepSeek,让 DeepSeek 帮你分析。

例如,一名初中的同学想要对自己的错题情况进行分析,就可以这样向 DeepSeek 提问:

我是一名初一年级的学生(自我介绍),请根据我上传的错题分析我做错的原因(需要说明),并给我提供避免做错这一类型题目的建议(具体需求)。

DeepSeek 检查了他的错题,给出了对应错题的原因分析和避免做错的建议,如图 4-4 所示。

我们可以把错题分析整理进错题本,如果有哪些概念和知识点不懂,可以再向 DeepSeek 提问,直到搞懂为止。

错误原因
1. 符号处理错误
你在计算"13-(-5)"时,错误地得到了"13-5=8",但实际上"减去一个负数"等于"加上它的绝对值",即:

$$13-(-5)=13+5=18$$

这是你出错的关键步骤。
2. 运算顺序混淆
你可能在连续加减运算中忽略了负号的优先级,导致符号混淆。尤其是"-(-5)"这一部分,负号和减号叠加时容易出错。
避免错误的建议
1. 逐步计算,不要跳步

图 4-4 DeepSeek 生成错题原因分析示例(节选)

快速培养举一反三的能力

你是不是遇到过这种情况：在做一道题目时，感觉这个题目的知识点已经掌握，题目也会做了，但是换一个类似的题目时，又傻眼了，不知道怎么去做。你有没有想过这是为什么？

我们先来分析一下原因。

原因一：只是在死记硬背。 有些同学的"会做"仅仅停留在对标准答案的死记硬背阶段，比如记住了某个公式的套用方式、某类题型的固定解题步骤。但数学需要理解，靠死记硬背的结果就是一旦题目条件变化，就不知道怎么解题了。

原因二：训练的题目类型单一。 同一个知识点只做一类题目，缺乏举一反三的训练。

DeepSeek 拓展学习三步法

数学学习很注重知识的拓展延伸和练习。当学到某个知识点时,可以让 DeepSeek 再列举出 5 道类似的题目,完成后上传,让 DeepSeek 批改,形成学习闭环,强化解题能力。这样针对性的练习既能丰富知识储备,又能提高解题熟练度。

第一步:上传错题,进行分析

例如,一名六年级的同学在学习圆柱与圆锥知识时,做错了题目却不知道错在哪儿,他可以这样向 DeepSeek 提出需求:

我是一名六年级的学生(自我介绍),请根据我上传的错题(上传资料),帮我分析这道题做错的原因(需求说明)。

DeepSeek 分析总结了错误原因,如图 4-5 所示。

这道题的错误原因主要在于对表面积减少部分的理解错误以及计算过程中的公式误用。以下是详细分析及正确解答:

错误分析

1. 表面积减少部分混淆

题目中表面积减少的是侧面积(上下底面不变),但原题分析误将减少量写成"9.2m²",而实际题目给出的减少量应为94.2m²。

2. 公式误用

原题中使用了不正确的公式 $S=mv^2-Ch$,导致后续计算混乱。正确的侧面积公式为:

$$侧面积减少量 = 2\pi r \times \Delta h$$

其中 $\Delta h = 3m$。

3. 计算步骤错误

图 4-5 DeepSeek 提供的错题分析示例(节选)

四 专职数理教练

第二步：追问其解法

在看过 DeepSeek 的分析并理解这道题后，他可以继续向 DeepSeek 追问：

本题还有其他解法吗？

DeepSeek 提供了那道错题的多个解法供他参考，如图 4-6 所示。

方法三：数值估算验证

1. 检验侧面积减少量

若 $r=5m$，则侧面积减少：

$$2 \times 3.14 \times 5 \times 3 = 94.2 \ (m^2) \quad (与题目一致)$$

2. 检验体积减少量

底面积：

$$\pi \times 5^2 \approx 78.5 \ (m^2)$$

体积减少：

$$78.5 \times 3 = 235.5 \ (m^3) \quad (与答案一致)$$

最终答案

无论采用哪种解法，体积减少量均为： $\boxed{235.5} \ m^3$

总结：核心解法是通过侧面积减少求半径，再计算体积减少量。其他方法（如比例验证、代数方程、数值检验）均是对同一逻辑的不同角度验证，最终结果一致。

图 4-6　DeepSeek 提供的错题多个解法示例（节选）

第三步：要求提供类似的题目

那名同学想要一些类似的题目来训练自己举一反三的能力，他可以这样向 DeepSeek 提问：

请再出几道类似的题目（需求说明），要标注难度，并设置不同的情境（具体要求）。

DeepSeek 根据他的要求生成了题目，帮助他巩固对应知识点，如图 4-7 所示。

题目4：实际应用与误差分析（难度：★★★）
情境：水管防冻包裹材料。
题目：一根圆柱形水管，外半径0.5m，工人错误地按内半径0.4m计算包裹材料面积。如果水管长10m，实际需要的材料比错误计算多多少平方米？

题目5：经济问题（难度：★★★★）
情境：工厂生产圆柱形容器成本优化。
题目：某工厂生产圆柱形容器，底面和侧面材料成本分别为5元/m²和3元/m²。若要求容积为100m³，如何设计底面半径和高度，使总成本最低？最低成本是多少？

题目6：圆锥对比（难度：★★★）
情境：沙堆与圆柱桶的体积关系。
题目：一个圆锥形沙堆，底面半径3m，高4m。若将其全部装入一个圆柱形桶中，桶的底面半径是沙堆的1.5倍，高度至少需要多少米？

图 4-7　DeepSeek 提供类似错题的题目示例（节选）

这套方法不但能帮助我们精准击破数学学习中的薄弱环节，还能让我们在面对题目的不同变化时应对自如，成为"数学高手"。

费曼学习法——深度理解的奥秘

数学包含很多知识点,这些知识点听起来较为抽象。不少同学觉得理解它们很困难。有时候,老师讲课说得太快,或者自己走神了,没能及时理解那些知识点,等到课后要做题时,脑子里空空如也,只能抓耳挠腮。不用担心,当 DeepSeek 与费曼学习法相结合时,就能帮助你更好地理解它们,解决"搞不懂"的问题。

什么是费曼学习法

费曼学习法是由诺贝尔物理学奖得主——美国物理学家理查德·费曼提出的一种神奇且高效的学习方法,核心秘诀就是"假装当老师"。

这个方法的妙处在于,它让你用最简单的话把知识讲给别人听,以此检验自己是不是真的懂了。

当你试着把学到的知识像讲故事一样教给别人时,大脑就会自动把复杂的理论"翻译"成生活化的语言,这个"翻译"过程恰恰能帮你真正吃透知识。而且,在讲解的时候,你会突然发现自己哪里卡壳了、哪里解释不清——这些就是你需要重点补习的地方。这种方法不仅能让你记得更牢、理解更深,还能顺便锻炼你的表达能力,就像玩闯关游戏一样,每讲通一个知识点就解锁一个新技能。最棒的是,你完全可以把家里的宠物、玩偶甚至镜子里的自己当成学生,随时随地开始你的"小课堂",既有趣又有效!

费曼学习法的四个核心步骤

1. 选择学习主题：选择一个你想要深入理解的概念或主题。这可以是任何学科的内容，如数学公式、物理定律，或文学知识。

2. 尝试解释：尝试用最简单的语言向别人解释这个概念。假设你的听众是一位没有任何相关知识的初学者，这就要求你用简单明了的方式传达知识点的核心内容。

3. 识别知识盲点：在解释的过程中，你会发现自己有不理解或难以解释的部分，这些就是你的知识盲点。记录下这些盲点，然后重新回到学习中，查阅和理解这些盲点，直到你弄懂为止。

4. 组织和简化：将你对这个概念的理解重新组织，并进一步简化解释，力求使解释更加直观和易懂。这个步骤不仅能帮助你巩固对知识的理解，还能帮助你形成系统的知识框架。

用费曼学习法拆解难题

或者，你还处于对知识点"似懂非懂"的状态，没办法用费曼学习法向别人讲解知识点。此时，可让 DeepSeek 化身"小老师"，运用费曼学习法为你拆解难题，帮助你深入理解晦涩的知识点，使理解度大幅提升，从此告别"似懂非懂"的尴尬状态。

例如，一名小学生上完数学课后，还有题没搞明白，他想让 DeepSeek 用费曼学习法帮忙，可以上传题目后，这样向 DeepSeek 提问：

我是一名小学生（自我介绍），请根据我上传的题目，用费曼学习法拆解这几道题（需求说明），并引导我发现自己的知识漏洞（详细需求）。

DeepSeek 用费曼学习法拆解他上传的题目，帮助他理解知识点，拆解题目过程如图 4-8 所示。

好的！我是你的学习伙伴，接下来我会用费曼学习法引导你拆解题目。请先告诉我具体的题目内容（比如数学应用题、语文阅读理解等），然后我会通过提问的方式，帮你一步步发现知识漏洞。你可以随时补充细节，我会调整引导方向。

举个数学题的拆解例子（你可以先看例子，再输入你的题目）：
题目：一个长方形花坛长12米，宽8米，如果每平方米种4株花，一共能种多少株？
我的引导过程：
1. 复述题目：你能用自己的话把题目说一遍吗？（确认是否理解题意）
2. 核心目标：题目要解决什么问题？需要哪些已知条件？（长、宽、每平方米种植数量）

图 4-8　DeepSeek 用费曼学习法拆解题目过程示例一（节选）

接下来我们再看另一道题目：

一次口算竞赛，共 20 道题，评分规则是：答对 1 道题得 5 分，答错题扣 1 分。小花同学在参加的口算竞赛中得了 76 分。小花答对了几道题？

用上面的方式提问，DeepSeek 会用费曼学习法引导我们拆解这道题，如图 4-9 所示。

第一步：复述题目
- 你能用自己的话把题目中的关键信息描述一遍吗？（比如总题数、得分规则、最终得分）

第二步：明确核心目标
- 题目最终要算出什么？（答对题数）
- 已知什么条件？隐藏了什么关系？（总题数固定为20，对和错的数量相加等于20）

第三步：关联知识点
- 如果全部答对，小花能得多少分？为什么？[20×5=100（分）]
- 实际得分比满分少多少分？这个差值是怎么产生的？[100-76=24（分）]
- 每答错1题，相对于满分会损失多少分？为什么不是只扣1分？[提示：原本能得5分，现在不得分还要扣1分，总共损失5+1=6（分）]

漏洞检查点1
- 有同学认为每答错1题只差5-1=4（分），对吗？为什么？（错！因为扣分是叠加损失，不是差值）

图 4-9 DeepSeek 用费曼学习法拆解题目过程示例二（节选）

通过 DeepSeek 用费曼学习法拆解题目，你可以更深入地理解所学内容，提高学习效率和质量。当你理解这些知识点后，可以用费曼学习法向别人讲解。

04 苏格拉底提问法让学习一步一个脚印

准备好接受智慧的洗礼了吗?在这里,每个解题步骤都要经过"灵魂拷问"!通过层层递进的提问,让你的思路清晰明了,帮你培养严谨的数理思维习惯!

什么是苏格拉底提问法

苏格拉底提问法是由古希腊哲学家苏格拉底发明的一种通过提问引导学生思考、发现答案的教学方法。

苏格拉底提问法的特点

1. **以问题为中心**:通过不断提问,引导学生思考。

2. **逐步深入**:从简单的问题开始,逐步引导到复杂的问题。

3. **不直接给答案**:老师不直接告诉学生答案,而是让学生自己发现。

4. **激发思考**:通过提问激发学生的好奇心,培养批判性思维和逻辑推理能力。

用"DeepSeek+ 苏格拉底提问法"辅助做题

当你有题目不会做,不知道从何下手时,可以用"DeepSeek+ 苏格拉底提问法"的方式让 DeepSeek 辅助你做题。它会引导你思考,一步步得出正确答案。

注意: 用这种方法时要关闭"深度思考(R1)"模式,如图 4-10 所示,让自己学会思考问题。

图 4-10 DeepSeek 关闭"深度思考"模式示例

先把题目拍照上传或者手动输入给 DeepSeek,让它用苏格拉底提问法一步一步向你提问,引导你思考,答完一个问题再问下一个问题。

例如,一名六年级的同学想让 DeepSeek 用苏格拉底提问法辅助他做某些题目,他把题目上传后,可以这样向 DeepSeek 精准提问:

我是一名六年级的学生(自我介绍),请模拟你在教我做题目的场景(告知场景),用苏格拉底提问法向我提问(需求说明)。等我回答了一个问题后再继续提下一个问题(限制要求),开始吧!

DeepSeek一步一步，带着他解题，根据他的回答，再一步步地向他提问，如图4-11所示。

第一个方程：$0.75x+9=24$

问题1：这个方程中，我们需要求出x的值。首先，你觉得应该怎样让x单独留在等式的一边呢？

（提示：可以想想如何去掉"+9"和"×0.75"这两部分。）

（等你回答后，我会继续下一步。）

请告诉我你的想法，比如："是不是可以先减去9？"或者你有其他思路也可以分享。

去掉9

很好！你的思路是对的。

问题2：你说"去掉9"，具体是怎么做呢？等式两边需要同时进行什么运算才能消去"+9"？

（提示：记得等式的两边要保持平衡，就像天平一样。）

（等你回答后，我会继续下一步。）

比如，你会写"$0.75x+9-9=24-9$"吗？

不会

图4-11　DeepSeek用苏格拉底提问法引导解题示例（节选）

这些题目做出来后,你还可以让 DeepSeek 总结这几道题考查的知识点,看哪个知识点你还没有掌握。你可以这样向 DeepSeek 提问:

请问这几道题讲了数学的哪些知识点?

DeepSeek 会告诉你题目涉及的核心知识点有哪些,如图 4-12 所示。

为什么学这个:
比例在生活中的应用非常广泛,比如调配饮料、地图比例尺、相似图形等。

3.分数的运算(贯穿所有题目)
- 加减乘除:
  - 第二题合并 $\frac{1}{6}x+x$ 时需要通分($x=\frac{6}{6}x$)。
  - 第三题中分数的乘法和约分($\frac{5}{6} \times \frac{8}{5} = \frac{4}{3}$)。
- 为什么学这个:
分数是数学的基础,未来学习代数、几何、统计都会用到。

4. 验证答案的习惯
- 代入检验:解完方程后,将答案代回原式验证是否正确。
  (例如:第一题中验证 $0.75 \times 20+9=24$。)
- 比例验证:第三题中检查两边的比值是否相等。
- 为什么重要:
养成验证的习惯能避免计算错误,提高解题准确性。

总结
这几道题综合训练了:
1. 解方程(平衡性、合并同类项)。
2. 比例的应用(交叉相乘、分数运算)。
3. 分数计算能力(加减乘除、约分)。

图 4-12 DeepSeek 生成涉及的核心知识点示例(节选)

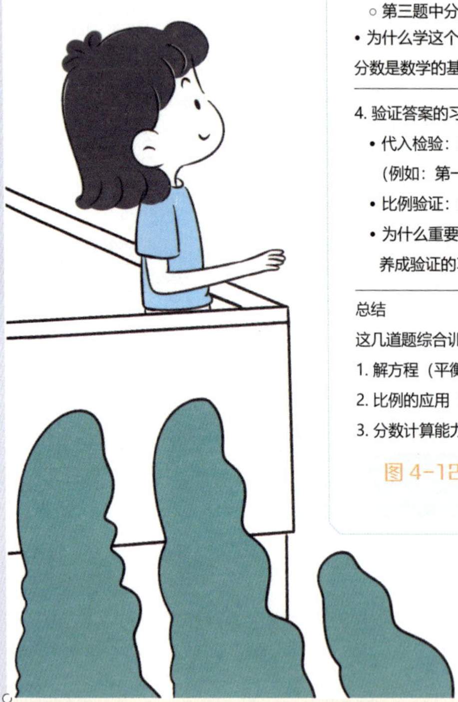

最后，还可以让 DeepSeek 用同样的知识点给你出几道练习题，如图 4-13 所示，帮你巩固知识。你可以这样向 DeepSeek 提问：

可以用这些知识点再出 5 道题目，帮助我巩固吗？

"提问 → 引导思考 → 得出答案 → 总结知识点 → 举一反三"，走完这样一个学习小闭环，我们的学习会越来越好！

题目1（基础方程）
解方程：
$$1.2x - 4 = 8$$
提示：先让含 x 的项单独在一边。
考察目标：小数与整数的方程解法，平衡性原则。

题目2（合并同类项）
解方程：
$$\frac{2}{3}x - \frac{1}{4}x = 10$$
提示：先通分合并含 x 的项（$\frac{2}{3} = \frac{8}{12}$，$\frac{1}{4} = \frac{3}{12}$）。
考察目标：分数加减与合并同类项。

题目3（比例应用题）
小明的身高是1.5米，他的影子长2米。如果一棵树的影子长6米，树有多高？
提示：设树高为 x，比例关系为 $\frac{1.5}{2} = \frac{x}{6}$。
考察目标：比例的实际应用与交叉相乘。

题目4（分数方程）
解方程：

图 4-13 DeepSeek 生成巩固练习题示例（节选）

DeepSeek 帮你突破数学思维瓶颈

你是否经历过这样的困境：面对应用题或计算题时，即使苦苦思索，也找不到突破口，无法建立清晰的解题思路，这种思维瓶颈究竟源于何处？

原因一：理解有所偏差。 对数学题目或对应的知识点的理解产生了偏差，但自己没有发现，用有问题的思路解题，自然找不到答案。

原因二：思路不够宽广。 在想解题思路时总从某个自己最熟悉的角度去想，没有考虑其他可能性，把自己的思路卡在了"死胡同"里。

原因三：解题习惯不好。 不恰当的解题习惯，也会影响做题发挥，比如没有明确写出解题步骤的习惯，导致丢失步骤分；计算时没看好上一步骤，导致计算中途出现错误影响后续答案；做完题目不去验算，导致马虎丢分，等等。

那么，DeepSeek 怎么帮助我们解决这些问题呢？

DeepSeek 帮你发现理解偏差

还记得我们之前提到过的费曼学习法吗？现在，是你向 DeepSeek 讲解你的理解的时候了。

你可以把你对题目的理解和思路告诉 DeepSeek，让它帮你分析你的解题思路是否正确。你也可以把你对一个知识点的理解告诉 DeepSeek，让它看看你的理解是不是有所偏差。

例如，一名六年级的同学想验证自己对"鸽巢问题"的理解是否正确，他可以这样向 DeepSeek 提问：

我是一名六年级的学生（自我介绍），这是我对"鸽巢问题"的理解：如果有 n 个东西要放进 m 个容器里，只要东西比容器多，那至少有一个容器里会有至少 2 个东西（自己的理解）。请评价我的理解是不是正确的，如果有问题请指出来并提出改进建议（需求说明）。

DeepSeek 对他的理解做出了评价，如图 4-14 所示。

> 你的理解基本正确，但可以更精确一些。鸽巢原理（Pigeonhole Principle）的核心思想确实是：如果将更多的物品放入较少的容器中，那么至少有一个容器必须包含多个物品。
>
> 更准确的表述是：
>
> 如果有 n 个物品要放进 m 个容器里，且 $n>m$，那么至少有一个容器里会有至少 $\lceil \frac{n}{m} \rceil$ 个东西。其中 $\lceil \cdot \rceil$ 是向上取整符号。
>
> 在你的表述中，你提到"至少有一个容器里会有至少 2 个东西"，这在 $n=m+1$ 时是正确的（即物品比容器多 1 个时，至少有一个容器有 2 个东西）。但如果物品比容器多很多，比如 $n=10$，$m=3$，那么至少有一个容器里会有至少 $\lceil \frac{10}{3} \rceil = 4$ 个东西。

图 4-14　DeepSeek 对"鸽巢问题"理解的评价示例（节选）

DeepSeek 帮你拓宽解题思路

解题思路不够宽广的问题，也可以让 DeepSeek 帮你特训、提高。你可以把题目上传，让 DeepSeek 为你提供更多解题思路。

注意：为了更好地锻炼自己的思维，在提问时不要让 DeepSeek 直接给出答案，而是让它为你提供思路。

例如，一名初中的同学想锻炼自己多方位的解题思路，他把对应的题目上传后，可以这样向 DeepSeek 提问：

我是一名初一年级的学生（自我介绍），请为我上传的题目提供几个解题思路（需求说明），不需要具体的解答过程和答案，这些思路所涉及的知识点在初一年级学生应该掌握的范围内（具体需求）。

DeepSeek 为他提供了几个解题思路，如图 4-15 所示。

解题思路：
1. 设变量法：
设 $8n+1=k^2$，其中 k 是正整数。然后解这个方程，求出 n 的表达式，再结合 $1 \leq n \leq 100$ 限制 k 的范围，统计符合条件的 k 的个数。
2. 不等式约束法：
由 $8n+1=k^2$，可以解出 $n=\dfrac{k^2-1}{8}$。由于 $1 \leq n \leq 100$，代入后得到关于 k 的不等式，求出 k 的可能取值范围，再筛选符合条件的 k。
3. 奇偶性分析：
观察 $8n+1=k^2$，由于 $8n$ 是偶数，所以 k^2 必须是奇数，因此 k 必须是奇数。这样可以缩小 k 的可能取值。
4. 枚举法：
由于 n 的范围较小（$1 \leq n \leq 100$），可以尝试枚举 k 的可能值（比如 $k=3,5,7,\ldots$），计算对应的 n，再统计满足条件的 n 的个数。
5. 平方数的性质：
由于 $k^2 \equiv 1 \pmod 8$，可以分析哪些平方数满足这个同余条件，进一步缩小 k 的范围。

图 4-15 DeepSeek 提供的数学解题思路示例（节选）

DeepSeek 也能帮你改善不恰当的解题习惯，你可以把自己的错题集上传给 DeepSeek，让它帮你分析你的解题习惯有哪些问题，可以用什么方法改进。

例如，一名五年级的同学把自己的数学错题集上传 DeepSeek，可以这样向 DeepSeek 提问：

我是一名五年级的学生（自我介绍），请对我上传的错题集进行分析（需求说明），告诉我，我在解题习惯方面有哪些问题，可以用什么方法改进（具体需求）。

DeepSeek 根据他上传的错题集，为他分析了解题习惯存在的问题，并提出了改进建议，如图 4-16 所示。

你的解题习惯问题分析

1. 计算粗心
   ○ 有时漏算步骤（如加减法忘记最后一步）。
   ○ 小数或整数计算时容易写错数字（如0.6看成6）。
2. 单位不统一
   ○ 遇到涉及长度、重量、时间等单位换算的题目时，没有先统一单位再计算。
3. 审题不仔细
   ○ 题目问"共有多少"，但只算了一部分。
   ○ 看到"3倍"就乘，没注意是否要求总和。
4. 公式记忆混淆
   ○ 周长和面积公式混用

改进方法

☑ 1. 养成检查习惯
- 计算后倒推验证，比如3.6÷0.4=9，可以想9×0.4= 3.6是否正确。

图 4-16 DeepSeek 生成的错题集分析示例（节选）

虽然 DeepSeek 能够有效辅助数学学习，但在使用过程中仍需注意以下两点：

首先，DeepSeek 作为工具，在复杂问题的解析方面存在局限性。尽管其算法强大，但在处理高度抽象或创新性数学问题时，可能无法提供足够精准的答案。

其次，DeepSeek 无法识别图案，遇到图形题无法有效处理。

人类老师独有的教学经验和情感互动，仍是人工智能目前难以企及的。因此，DeepSeek 应该作为辅助工具使用，而不能替代老师。

让科学知识有趣起来

你是否碰到过这样的情况:学习科学知识时,总是感到枯燥乏味,提不起兴趣。在学习复杂的科学概念时,总是摸不着头脑,难以理解其意义。你知道这是什么原因吗?

原因一:观察能力不足。 对科学现象没有足够的观察能力,平时也没有养成良好的记录习惯,这就导致脑海里科学知识的储备比较少,在解答与科学知识相关的题目时想不到对应内容。

原因二:缺乏抽象思维能力。 对课堂上老师所教的科学原理、概念理解不够,无法转化为生活中具体可感的内容。

那么,DeepSeek 怎样帮助我们解决上述问题,让科学知识有趣起来呢?让我们一同看一看。

DeepSeek 帮你打造虚拟实验室

DeepSeek 可以通过线上的方式打造一个虚拟实验室，指导你准备材料、开展具体实践并检验结果，让你在有趣的科学实验中学到知识。

例如，一名对科学知识非常感兴趣的小学生，他所在的学校科学实践课比较少，他想通过线上的方式体验科学实践活动，以帮助他巩固课堂里学到的知识。那么，他可以这样向 DeepSeek 提问：

我是一名小学生（自我介绍），我对科学知识非常感兴趣，但是学校的科学实践课比较少，我想通过线上的方式参与多场景的数理科学实践活动，帮助我巩固课堂里学到的知识（详细情况说明）。要求实践内容通俗易懂，不超出小学生的理解范围（具体需求）。

DeepSeek 为他提供了可行的科学实践活动内容，如图 4-17 所示。

根据你的需求，以下是适合小学生参与的线上多场景数理科学实践活动建议，结合家庭可操作性和趣味性，帮助你巩固科学知识：

一、家庭实验室：利用日常物品探索科学原理

1. 水的张力与扩散实验
   - 实验材料：玻璃杯、清水、食用色素、纸巾。
   - 步骤：在清水中滴入食用色素，观察食用色素扩散现象（分子运动）；将纸巾放入水中，观察水的张力形成水膜 ❷ ❺。
   - 科学原理：分子运动与液体表面张力。
2. 静电实验
   - 材料：气球、头发、碎纸屑。
   - 步骤：将气球摩擦头发后靠近碎纸屑，观察静电吸附现象 ❷。
   - 延伸：用气球吸引水流弯曲，理解静电力的作用 ⑩。
3. 简易机械能守恒实验

图 4-17　DeepSeek 生成的科学实践活动内容示例（节选）

DeepSeek 帮你沉浸式参与故事互动

如果你对抽象的题目概念理解有难度,或者很难理解题目情境传达的意思,那么,DeepSeek 可以帮你生成科学知识趣味互动故事,帮助你理解题目。

例如,一名小学生不擅长理解抽象的概念,但是喜欢形象生动的故事情节。在学习"鸡兔同笼"问题时,他难以理解题目传达的意思,想要 DeepSeek 帮他生成一个互动性的故事,以便他理解题意。他可以这样向 DeepSeek 提问:

> 我是一名小学生(自我介绍),我不擅长理解抽象的概念,但是喜欢形象生动的故事情节。在学习"鸡兔同笼"问题时,我难以理解题目传达的意思(情况说明),请帮我生成一个互动性的故事,以便我理解题意(具体需求)。

DeepSeek 根据他的要求,创作了趣味故事,如图 4-18 所示。

故事标题:农场小侦探的"脚丫谜案"
场景设定
你是一个小侦探,今天来到咕咕农场帮忙。农场主愁眉苦脸地说:
"我的鸡和兔子被调皮的风吹乱了!它们现在全挤在一个大笼子里,我数了数,共有10个头,但脚却有28只。你能帮我算算鸡和兔各有几只吗?"

第一步:观察"头"的秘密
你蹲下来仔细看笼子,发现:
🐔 每只鸡有1个头+2只脚
🐰 每只兔子有1个头+4只脚
互动提问:
👉 如果笼子里全是鸡,10个头应该有_____只脚?
(点击空白处查看答案)
<答案:10只鸡×2只脚 = 20只脚>
👉 但实际脚有28只,比全是鸡时多了_____只?
<答案:28-20=8 (只脚) >

图 4-18 DeepSeek 生成的趣味故事示例(节选)

DeepSeek 带你创建微观知识漫游库

当你想深入了解某些科学知识,但自身知识储备量不足时,就可以借助 DeepSeek 深度研究有关知识点,为课本知识提供有效的补充。

例如,一名小学生近期在学习植物生长的知识,他没有合适的工具观察植物生长的过程,所以他想借助 DeepSeek 认识植物的根、茎、叶、花、果实、种子等器官及其功能。他可以这样向 DeepSeek 提问:

我是一名小学生(自我介绍),我最近在学习植物生长的相关知识,但是我没有工具帮我观察植物生长的过程(情况说明),请你创建植物的根、茎、叶、花、果实、种子等器官及其功能的知识漫游库,帮我了解这些内容(具体需求)。

DeepSeek 根据他的要求,生成了知识漫游库,如图 4-19 所示。

> 🎯 知识漫游库
> 目标:用角色扮演+生活实验,理解植物六大器官
> 工具:纸、笔、手机(拍照记录)、家庭材料(如豆芽、芹菜、塑料袋等)
>
> 1. 根:地下的宝藏猎人
> 角色设定:根是戴着矿工帽的探险家,总在土壤里寻找宝藏!
> 功能:
> - 🥤 吸收水与营养:像吸管一样喝水和矿物质
> - 📌 固定植物:像锚一样抓住土壤防止倒伏
>
> 互动任务:
>   🔍 实验:纸巾上的豆芽根
>   ①将绿豆夹在湿纸巾中放入透明杯子,观察3天
>   ②记录根的生长方向(向下还是向上?)
>   🔗 联系课本:根的"向地性"是植物感知重力的结果!

图 4-19　DeepSeek 生成的知识漫游库示例(节选)

五
高效英语助手

用英语单词创作趣味对话

或许你也有过这样的体验：老师反复强调要背好单词表里的核心词汇，课本上列着密密麻麻的重点词组……明明知道这些单词很重要，可每次翻开单词本就昏昏欲睡，刚背的单词转眼就忘……

为什么会这样？我们来探究一下可能造成这些情况的原因吧。

原因一：缺乏对背单词的兴趣。 我们平时背单词，大多是填鸭式输入，过程机械、枯燥，记不住的话还会受到惩罚，这会激活我们大脑的"厌恶回路"。

原因二：没有掌握记忆方法。 很多同学在背单词时，都是死记硬背，这种方法对我们高效背单词并没有帮助。

DeepSeek 能怎样改善这个问题呢？

让 DeepSeek 助力角色扮演

怎样才能不枯燥地背单词？我们可以将单词融入趣味对话，让 DeepSeek 帮助我们和他人玩角色扮演！

例如，一名五年级的女生，总是记不住"money""fruit""expensive"这 3 个单词。她可以这样向 DeepSeek 提问：

我是一名五年级的女生（自我介绍），总是记不住"money""fruit""expensive"这 3 个单词（列举你觉得最难记的单词）。我想通过跟一个同学玩角色扮演来开展趣味对话，强化记忆这些单词。我扮演外星人（你想扮演的角色），同学扮演水果店的老板（他人扮演的角色），请你生成一段对话，供我和同学模拟运用，对话中要使用上述几个单词（需求说明）。

DeepSeek 认真分析提问者的需求后，生成了英语对话，如图 5-1 所示。对话中，重点单词反复出现。另外它还设计了一些行为动作，让对话变得更有趣。

🛸 Alien (You)：*(蹦蹦跳跳进店，触角一闪一闪)* "Bling-bling! I come from Sparkle Planet! Do you sell...uh...those colorful Earth rocks?" *(指着香蕉假装不认识)*

🍌 Yuanyuan (Shopkeeper)：*(举起香蕉当耳机电话)* "Wow, cosmic customer! This isn't a rock, it's a FRUIT called banana! Want to try our stardust-flavored FRUIT？" *(偷偷给苹果贴星星贴纸)*

🛸 Alien：*(用触角戳西瓜)* "Is this giant green ball also FRUIT? Can I ride it back to my spaceship？" *(突然掏出发光橡皮擦)* "I'll pay with magic MONEY!"

🍌 Yuanyuan：*(严肃地推眼镜)* "Earth rules! We only accept sparkle MONEY—" *(突然破功大笑)* "Just kidding! This watermelon costs... 5 galaxy coins!"

🛸 Alien：*(假装跌倒)* "FIVE？! That's too EXPENSIVE！" *(掏出三枚瓶盖)* "Three coins and...and my pet space snail！" *(举起蜗牛橡皮)*

🍇 Yuanyuan：*(把葡萄串当耳环戴)* "Humm...Okay！But you must teach me alien FRUIT dance！" *(突然跳机械舞)*

🛸 Alien：*(用香蕉当麦克风唱)* "F-R-U-I-T~!Not E-X-P-E-N-S-I-V-E~!" *(把"money"硬币贴额头当第三只眼)*

图 5-1 DeepSeek 生成的角色扮演对话示例（节选）

为表情包设计对话，DeepSeek 有一手

与家人、朋友日常网络聊天时，你是不是也喜欢发送一些搞笑、有趣的表情包呢？让 DeepSeek 为我们的表情包设计英语对话吧！首先我们需要制作表情包，然后就可以让 DeepSeek 来生成对话了。

例如，一名四年级的女生制作了一个猫戴着眼镜看书的表情包，她想用"bookworm""cat""book"来生成一句搭配表情包的文字。她可以这样向 DeepSeek 提问：

我是一名四年级的女生（自我介绍），我制作了一个猫戴着眼镜看书的表情包（具体描述表情包的内容），我想用"bookworm""cat""book"（列举你想掌握的单词）来生成一句搭配表情包的文字。请你生成一段对话，对话中要使用上述几个单词（需求说明）。

DeepSeek 认真分析她的需求，生成了一段对话，如图 5-2 所示。对话中，你会看到她想掌握的单词出现在句中。

Cat: (adjusting glasses with a paw) "Call me a *bookworm* in *cat* disguise—this *book* is PAW-sitively purr-fect!" 📖🐱

小贴士：
1. 用"bookworm in cat disguise"把两个单词趣味串联，突出猫的"书虫"身份
2. PAW-sitively= positively+猫爪（paw），发音相同易记忆
3. purr-fect=perfect+猫呼噜声（purr），强化猫咪特征
4. 表情符号 📖🐱 帮助视觉联想，适合贴在表情包上

图 5-2　DeepSeek 生成的表情包对话示例（节选）

设计荒诞情景喜剧对话

平时我们看影视作品,那些搞笑、无厘头的剧情总是特别让人放松。接下来,试试让 DeepSeek 帮我们设计英文版的荒诞情景喜剧对话吧!

例如,一名六年级的男生想在班会上表演英文版的荒诞情景喜剧,他想扮演一头大象,表演大象在雨林中洗澡。他选定了"elephant""shower""comfortable"3 个目标单词,他可以这样向 DeepSeek 提问:

我是一名六年级的男生(自我介绍),我想在班会上表演英文版的荒诞情景喜剧。我想扮演一头大象,表演大象在雨林中洗澡的场景(描述你扮演的角色、所要呈现的场景)。我选定了"elephant""shower""comfortable"3 个目标单词(列举你的目标单词),请你帮我用它们来生成一段荒诞情景喜剧对话(需求说明)。

DeepSeek 为他生成了一段对话,如图 5-3 所示,并提供了表演设计指南!

Elephant: (lying in a bathtub made of leaves, squirting water with trunk)
"Ahhh...Jungle shower is so comfortable! But why does my elephant-sized bath always end up... (suddenly the bathtub cracks) ...OH! Banana peel soap?!" 🍌🛁💥

表演设计指南:
1. 荒诞点
   - 用香蕉当肥皂(举着香蕉皮狂搓耳朵)
   - 树叶浴缸被压垮时甩出事先藏好的塑料小黄鸭
2. 单词强化
   - 拍着肚皮拖长音喊"**ELEPHANT**-sized"
   - 每次说"comfortable"就翘起后腿做享受表情

图 5-3　DeepSeek 生成的荒诞情景喜剧对话示例(节选)

巧用单词设计游戏

除了用单词创作趣味对话，我们还有另外一种玩法，那就是巧用单词设计游戏，在 DeepSeek 的引导下，一边玩一边学！

接下来，你会看到单词接龙、单词肢体拼写竞赛、做单词寻宝猎人等各种有趣的游戏，这些游戏既好玩，又作用多多！例如，单词接龙能让你通过句子上下文重复接触单词，帮助记忆；单词肢体拼写竞赛则既突出了字母特征，又融入了团队互动元素，也锻炼了反应能力；做单词寻宝猎人可以通过生活化、情景化的方式，激活对身边物品对应单词的具象认知……

这些游戏具体怎么玩？怎样能在游戏中脱颖而出呢？下面我们就跟着 DeepSeek 一起来体验一下吧！

背单词，玩谐音

在刚开始学英语的时候，肯定有同学用谐音来记忆吧？用谐音来背单词，会给枯燥的单词学习增添一丝趣味。DeepSeek 老师很会玩谐音！

例如，一名五年级的同学想用谐音帮助自己记忆 6 个新学的单词，它们分别是"borrow" "strong" "tall" "funny" "library" "breakfast"，她想给每个单词设一个谐音，还想把这 6 个单词连起来，连成一个谐音故事，她可以这样向 DeepSeek 提问：

我是一名五年级的学生（自我介绍），我想用谐音记忆 6 个新学的单词，它们分别是"borrow" "strong" "tall" "funny" "library" "breakfast"（列举目标单词）。我想给每个单词设一个谐音，还想把这 6 个单词连起来，连成一个谐音故事，要求好玩、好记（详细情况说明）。请你为单词生成谐音示例，供我参考（具体需求说明）。

DeepSeek 为她生成了单词谐音，如图 5-4 所示，你觉得怎么样呢？赶快试一试吧！

1. 单个单词谐音记忆

单词	谐音	记忆场景
borrow	剥肉	想象向朋友借刀剥肉："借你的刀剥肉（borrow）啦！"
Strong	死壮	超人举哑铃："死壮的（strong）肌肉，一拳打飞小怪兽！"
tall	头	长颈鹿顶着云："你的头（tall）都快碰到天空啦！"
funny	饭泥	小丑把饭捏成泥："饭泥（funny）糊脸上，逗得大家哈哈笑！"
library	来不？瑞	朋友喊你去图书馆："来不？瑞（library）在等我们！"
breakfast	不热咖啡	早餐必备："不热咖啡（breakfast）配面包，早晨能量满满！"

2. 6个单词连成一句谐音故事

图 5-4 DeepSeek 生成单词谐音示例（节选）

将单词拆解成趣味词根

除了玩谐音,单词还可以拆解成趣味词根,这也是一种有趣、生动的记忆方式。这需要为每个单词找到合适的词根或分解方式,并赋予有趣的含义(含义可能有些无厘头)。

例如,前面的那名同学想用拆解单词的方式来更有效地记住她提到的 6 个单词,并希望单词拆解后的词根能连成一个故事,就像之前谐音中的句子一样。她可以这样向 DeepSeek 提问:

我是一名五年级的学生(自我介绍),我想通过拆解单词的方式,来记忆 6 个新学的单词,它们分别是 "borrow" "strong" "tall" "funny" "library" "breakfast"(列举目标单词)。我希望单词拆解后的词根能连成一个奇幻的故事(详细情况说明)。请你为单词生成趣味词根,供我参考(具体需求)。

DeepSeek 生成趣味词根示例,如图 5-5 所示。**注意**:在拆解时,词根的正确性也很重要。虽然可以适当发挥,但最好基于真实的词根或词源。在向 DeepSeek 提问时,我们可以加上这一点说明。

第一步:单词拆解成趣味词根

单词	趣味词根拆分	词根含义(故事版)
borrow	bor(菠萝)+row(划船)	菠萝侠借船冒险 🍍🚣
strong	str(石头人)+ong(嗡!)	石头人发出"嗡"声变强壮 🪨💥
tall	ta(他)+ll(竹竿腿)	他踩着高跷变巨人 🎪🦵
funny	fun(乐子)+ny(捏你)	小丑找乐子时爱捏你脸 🤡👉
library	lib(书虫)+rary(来啊!)	书虫喊"来啊"召唤图书馆 🐛
breakfast	break(打破)+fast(封印)	打破早餐"封印",食物大爆炸!🍳💥

第二步:奇幻故事串联所有词根
《菠萝侠与石头人的早餐大冒险》

图 5-5 DeepSeek 生成的单词趣味词根示例(节选)

玩单词接龙，找 DeepSeek

你肯定玩过成语或词语接龙吧？单词也可以玩接龙。具体怎么接？我们来让 DeepSeek 演示一下。

例如，五年级一班的英语老师让同学们每人轮流说一个句子，句子之间的意思必须逻辑连贯，哪怕很无厘头。句子中必须包含一些新学的单词，分别是 "dinosaur" "balloon" "library"。男同学天华为了提前准备，可以这样向 DeepSeek 提问：

> 我是一名五年级的男生（自我介绍），我的英语老师布置了一项课堂作业，她让我们每人轮流说一句英文，句子之间的意思必须逻辑连贯，即使无厘头也没关系（描述具体要求）。句中必须包含一些新学的单词，它们分别是 "dinosaur" "balloon" "library"（列举目标单词）。请你生成一段接龙示例，供我参考（需求说明）。

DeepSeek 为他生成了一段接龙示例，如图 5-6 所示，是不是很有趣？

接龙示例（荒诞逻辑版）：

1. You： "A dinosaur found a pink balloon in the library…" 🦖🎈📚
   （动作：双手比划恐龙走路，突然指向天花板假装看到气球）

2. Next classmate： "Suddenly the balloon exploded and rainbow frogs jumped out！" 🌈💥🐸
   （动作：拍手模仿爆炸，扭动身体扮青蛙跳）

3. Third student： "The frogs sang to the dinosaur： 'Let's turn the library into a swimming pool！'" 🎤🏛️🏊
   （动作：用课本当麦克风，假装划水）

图 5-6　DeepSeek 生成单词接龙示例（节选）

进行单词肢体拼写竞赛

你喜欢玩肢体游戏吗？肢体游戏主要通过身体的运动来玩。单词也可以玩肢体游戏。让 DeepSeek 带我们先玩一下吧！

例如，一名四年级同学准备参加老师举办的单词"blackboard"强化记忆活动，活动内容是让大家分组进行肢体拼写竞赛，每一组 10 名同学。老师喊出单词后，各组需用人体按字母（大写）顺序拼出正确的单词，哪一组拼得又快又好，即可赢得奖励。为了提前准备，他可以这样向 DeepSeek 提问：

我是一名四年级的学生（自我介绍），我的英语老师让我们根据"blackboard"这个单词（列举目标单词），分组进行肢体拼写竞赛，每一组 10 名同学。老师喊出单词后，各组需用人体按字母（大写）顺序拼出正确的单词（描述具体要求）。请你生成一组肢体拼写示例，供我和队员参考（需求说明）。

DeepSeek 生成了一组肢体拼写示例，如图 5-7 所示，供他和队员参考。

以下是为"blackboard"设计的10人肢体拼写方案，每个字母对应一个同学的动作建议：

B
动作：挺直站立，双手在头顶弯曲成两个半圆形（模仿大写B的弧形）（可用红色外套或发带突出第一个字母）

L
动作：侧身站立，左腿伸直，右臂高举垂直贴近耳朵（身体形成L形）（可配合喊出"L"的发音）

A
动作：正面面向同学，双腿分开与肩同宽，双手在头顶合拢成尖角（△形状）（可穿亮色衣服增强辨识度）

图 5-7　DeepSeek 生成肢体拼写示例（节选）

一起来做单词寻宝猎人

应该没有人不喜欢寻宝类的探秘游戏吧？枯燥的背单词任务，也可以转化为有趣的单词寻宝游戏！具体怎么玩？DeepSeek 也可以提供玩法说明。

例如，一名五年级的同学想跟朋友们通过单词寻宝的方式，激活对身边物品对应单词的具象认知，如"pencil""window""desk""light"等。为了设计具体的玩法，他可以这样向 DeepSeek 提问：

我是一名五年级的学生（自我介绍），我想跟我的朋友们玩单词寻宝游戏，一边寻宝，一边加深对身边物品对应单词的记忆（描述目的），如"pencil""window""desk""light"（列举部分单词示例）等。请你帮我设计具体的玩法，提供详细说明，供我和朋友们参考（需求说明）。

DeepSeek 生成了一套玩法说明，如图 5-8 所示，帮助这个同学和朋友们开展游戏。

🍎 前期准备（30分钟）
1. 制作"宝藏道具"
- 单词卡片：用彩色便签纸剪成星星/花朵形状，正面写英文单词（如window），背面画对应物品的简笔画。
- 线索信封：每个信封包含：
  ◦ 1张英文谜语卡（例：找desk→ "I have four legs and your books sleep on me"）
  ◦ 1张字母拼图卡（把pencil拆成P _ _C_ L，需补全）
  ◦ 1张位置提示贴（用方位词：The next clue is under something you write on→黑板下方）
2. 场地布置
- 教室版
  ◦ 将light卡片贴电灯开关旁，desk卡片藏某张课桌抽屉里
  ◦ 在窗台用粉笔画箭头指向window卡片

图 5-8 DeepSeek 生成的单词寻宝游戏玩法示例（节选）

艾宾浩斯遗忘曲线，单词记忆的法宝

即使尝试了用英语单词创作趣味对话、巧用单词设计游戏这些有趣的方法，还是会有同学记不住英语单词。这可能不是你的问题，而是我们大脑生理构造的原因。

你知道吗？我们的大脑里住着一个调皮的"记忆小管家"！它有个秘密：刚记住的东西，1小时后就会忘掉一半，1天后大概只剩30%。这是德国心理学家艾宾浩斯发现的"遗忘规律"——就像沙滩上的脚印，海浪一冲就变淡了。但别担心！只要在关键时间点（20分钟、1天、3天、1周……）复习，记忆就会像水泥一样牢牢凝固，变成你的知识宝藏！

背英语单词时，这个规律就是你的秘密武器！例如，今天学了"elephant"，如果今晚睡前复习1次，明天再读3遍，第三天再读3遍，1周后你还能轻松拼出这个单词。相反，如果学完就丢开，3天后它可能就变成了陌生的"e-l-e-p…"。

那具体可以怎么运用"艾宾浩斯遗忘曲线"来背单词呢？

制作彩虹单词打卡表

我们先来尝试制作一个彩虹单词打卡表。彩虹单词打卡表简单又美观,遵循记忆规律,能够提高我们背单词的效率。

例如,一名五年级的同学想运用艾宾浩斯遗忘曲线来制作上面我们提到的打卡表,但是她不知道怎么具体操作。她可以这样向 DeepSeek 提问:

我是一名五年级的学生(自我介绍),我想运用艾宾浩斯遗忘曲线来制作一个彩虹单词打卡表(描述具体要求)。但是我不知道要准备哪些材料,不明确制作步骤和具体学习流程该怎么安排(描述具体的难点)。请你生成一份超详细的操作指南,供我参考(需求说明)。

DeepSeek 为她生成了一份操作指南,如图 5-9 和图 5-10 所示,这个同学按照上面的指导就可以动手操作了。

一、准备材料清单
1. 学习工具
☑ 3种颜色荧光笔(建议粉/蓝/黄)
☑ 7色便利贴(对应彩虹七色)
☑ 带日期的小台历(或打印当月日历)
☑ 透明文件袋(装未学单词卡)
☑ 铁质饼干盒+磁贴(作已学单词展示墙)
2. 制作材料
✂ A3卡纸(横向对折作打卡本)
📌 20个回形针(分颜色夹不同进度的单词)
✏ 彩色圆点贴纸(红、橙、黄、绿、青、蓝、紫各50个)
二、五步制作法(附图示说明)
▶步骤1:创建彩虹记忆轮盘
在卡纸左侧画直径15cm的圆,均分7个扇形区,分别标注:
1天→2天→4天→7天→15天→30天→60天(关键复习点)
每个区域涂不同彩虹色,中心用纽扣做成可旋转指针

图 5-9 DeepSeek 生成的彩虹单词打卡表操作指南示例(节选1)

📖具体学习流程（以10月1日为例）

1. 初学阶段（10:00 AM）

- 学习内容：5个新单词（apple, brave, cloud, dance, eagle）
- 记忆方法：
  - 每个单词抄写3遍，并画简笔画辅助（🍎画苹果，🦅画老鹰）
  - 联想造句（如 "The brave eagle flies in the cloud."）

2. 第一次复习（10:20 AM，20分钟后）

- 方式：闪卡速记
  - 制作单词卡：正面单词，背面中文/图片
  - 限时1分钟快速翻看，遮盖中文说英文，答对贴黄色星星贴纸
- 目标：确保短期记忆留存率

3. 第二次复习（10月2日，1天后）

- 方式：造句+涂色
  - 用绿色笔在单词旁造句（"I ate an apple yesterday."）
  - 将苹果简笔画涂成绿色（视觉强化）
- 目标：关联实际场景加深理解

4. 第三次复习（10月4日，3天后）

图 5-10 DeepSeek 生成的彩虹单词打卡表操作指南示例（节选 2）

制作录音贴纸时间胶囊

除了制作彩虹单词打卡表,我们还可以制作录音贴纸时间胶囊,这种方式适用于喜欢互动、擅长听力的同学,能够通过"听觉记忆+场景触发",结合艾宾浩斯遗忘曲线的关键时间点,用录音重复强化对单词的记忆。

例如,一名五年级的同学想运用艾宾浩斯遗忘曲线来制作录音贴纸时间胶囊,他可以这样向 DeepSeek 提问,获取一份详细的操作指南:

我是一名五年级的学生(自我介绍),我想运用"艾宾浩斯遗忘曲线"来制作录音贴纸时间胶囊(描述具体要求)。但是我不知道要准备哪些材料,制作步骤是什么(描述难点)。请你生成一份超详细的操作指南,供我参考(需求说明)。

DeepSeek 为他生成了一份操作指南,里面同样包含了工具、操作步骤等基本方案,还分析了这种方案对中小学生的作用,并给家长辅助参与提供了建议,如图5-11和图5-12所示。

🛠 **工具准备**
1. 硬件
   - 智能手机或儿童智能手表（需录音功能）
   - 彩色卡通贴纸（动物/星星/食物等主题）
2. 软件
   - 录音App（如手机自带录音机、喜马拉雅儿童版）
   - 闹钟或提醒工具（设置复习时间点）

📢 **操作步骤**（以学习单词"bridge,forest,treasure"为例）
1. 初学日：录制单词胶囊
- 录音内容：
   - 单词发音+趣味例句（语速放慢，带感情）：

   "**Bridge**! The cat ran across the bridge.
   Forest! We found a secret path in the forest.
   Treasure! Look! The treasure box is under the tree!"

- 命名规则：日期+主题（如"Day1-魔法森林探险"）
- 创意升级：添加背景音效（鸟鸣声、水流声）
2. 制作时间贴纸
- 贴纸标注：
   - 用不同颜色贴纸标记复习时间点（参考艾宾浩斯遗忘曲线）：

图 5-11 DeepSeek 生成的录音贴纸时间胶囊操作指南示例（节选1）

🌟 **方案优势**（对中小学生的作用）
1. 科学记忆强化
   - 严格遵循艾宾浩斯遗忘曲线的时间节点（20分钟/1天/3天/1周），对抗遗忘规律
   - 案例：研究发现，按此方法复习的单词，1个月后记忆留存率可达90%（传统方法仅30%）
2. 多感官联动学习
   - 听觉：通过重复听录音强化语音记忆
   - 视觉：贴纸颜色提示复习时间，场景联想加深印象
   - 动觉：跟读时的嘴部肌肉记忆+画图的手部动作记忆
3. 碎片时间高效利用
   - 早餐、上学路上、睡前等零散时间听录音，每天仅需3~5分钟，无压力坚持
4. 趣味性与成就感
   - 贴纸打卡像游戏任务，录音故事激发创作欲，二维码分享增强自豪感
5. 自主管理能力培养
   - 通过贴纸提醒自主安排复习，逐步养成科学学习习惯

📌 **家长辅助建议**
1. 技术指导
   帮助孩子设置手机闹钟提醒复习时间。
2. 参与互动
   和孩子一起设计录音故事，扮演角色对话（如家长扮猫，孩子扮寻宝者）。
3. 成果鼓励
   每周评选"最佳故事录音"，奖励英文原版绘本或电影票。

图 5-12 DeepSeek 生成的录音贴纸时间胶囊操作指南示例（节选2）

英语不是"单词堆堆乐", 语法才是你的超能力

大家有没有发现,就算熟记了100个单词,一说英语还是像在玩"词语炸锅"?例如,想说"我昨天吃了鱼",却蹦出"I eat fish yesterday",结果对方一脸懵,这时候你就需要语法来帮忙啦!

英语就像搭乐高,单词是积木块,但不按图纸(语法)拼接,搭出的可能是歪歪扭扭的小屋,而不是酷炫的飞船。例如,"A dog bites a man"和"A man bites a dog",单词完全相同,但顺序调换就让故事从平常变得惊悚!语法规则就是隐形的指挥官,决定谁当主角、何时行动、怎样收尾。

DeepSeek能怎样助力我们的语法学习呢?

每日一句变形记

上面标题的意思就是每天改写一个基础句,以熟悉不同语法结构的转换,这样有助于我们巩固语法规则,形成肌肉记忆。每天的练习都围绕同一个基础句展开,可以集中精力掌握一个句型的各种变化,提高学习效率。

例如,一名语法很差的五年级同学,想通过这种方法来加强英语语法的学习,但他不知道具体该怎么变换语法结构。他可以这样向 DeepSeek 提问:

我是一名五年级的学生(自我介绍),语法很差(如实描述自己的语法水平),我想通过每天改写一个基础句(每日变形任务)来加强英语语法的学习(描述想要达到的目的),具体要怎么变换语法结构(提出问题)?请你给我一个示例参考,要求句子简单易懂(需求说明)。

DeepSeek 会为他生成一个每日变换不同语法结构的示例详解,如图 5-13 所示,这样他就能举一反三了。

---

1. 选择基础句
   - 选取简单且包含目标语法点的句子,例如:
     "The cat sleeps on the sofa." (一般现在时第三人称单数)
2. 每日变形任务
   - 周一:否定句
     "The cat **doesn't sleep** on the sofa."
     语法点:助动词 doesn't +动词原形。
   - 周二:疑问句
     "**Does** the cat **sleep** on the sofa?"
     语法点:助动词 Does 提前,动词恢复原形。
   - 周三:过去时
     "The cat **slept** on the sofa **yesterday**."
     语法点:动词过去式(规则/不规则变化)与时间状语搭配。

图 5-13 DeepSeek 生成的每日一句语法示例(节选)

一起来唱语法拍手歌

语法很抽象,听起来就很难。但如果将抽象的语法规则转化为朗朗上口的口诀,编成一首首语法拍手歌,那肯定就好记多了!这样不仅能通过韵律增强记忆,还能简化复杂的规则,多感官学习,培养语感。

例如,一名六年级的男同学想创作关于一般疑问句的语法拍手歌,他可以这样向 DeepSeek 提问:

我是一名六年级的男生(自我介绍),我想创作关于一般疑问句(说明具体语法,此外还有一般现在时、现在进行时、一般过去时、祈使句和情态动词等)的语法拍手歌,要求这首歌包含具体的语法点,歌词简单重复,容易记忆(说明要求)。请你给我一些参考(需求说明)。

DeepSeek 为他生成了几首他想要的语法拍手歌供他参考,如图 5-14 所示,他可以在此基础上进行修改优化。

🎵一般疑问句拍手歌创作指南(六年级男生版)
核心规则提炼
1. 助动词打头阵(Do/Does/Did/Are/Is...)
2. 主语紧跟别掉队(you/he/they...)
3. 动词时态要还原(ate→eat, goes→go)
4. 句末问号像鱼钩(?)

📖 原创拍手歌参考模板
(节奏:👏👏-👏👏👏,配合跳跃动作更带感!)
Verse 1(规则篇)
"Do和Does是探照灯(🔦手比光圈),
照亮疑问句的大门!
主语快快来排队(👬双手平推),
动词变回原形身(🔄手画圆圈)!
句末挂个小鱼钩(🎣甩竿动作),
答案快快上钩吧!

图 5-14 DeepSeek 生成的语法拍手歌示例(节选)

在趣味故事中学英语的法宝

抛开单词和语法不提,平时在学英语的时候,很多同学看到那些大段大段的英文就"头晕眼花",有的同学抱怨它们的内容很无趣,有的同学说根本就看不懂,做阅读理解之类的题目,常常拿不到多少分,因此被家长或老师批评。

为什么会这样?我们从文本内容的角度出发,分析可能造成这种情况的原因。

原因一:文本内容本身就难度大,不易看懂。 为了"赢在起跑线上",一些家长或老师总是让孩子"超前学习",文本的难易程度并不适合当前孩子的接受水平,难度偏大,这就导致孩子看不懂。

原因二:文本内容本身相对枯燥,没有趣味性。 大多数孩子学习英语的目的往往是为了应付考试,阅读的文本内容枯燥乏味,自然难以引起孩子的兴趣。

DeepSeek 能否帮助我们改善这些问题?我们来看一看。

DeepSeek 帮你选择合适的趣味故事

如果英语文本难度偏大，我们就需要去选择那些难度适中、与我们英语水平相匹配的分级读物。如果家长或老师并没有给出明确的参考，不妨问问 DeepSeek。

例如，一名四年级的同学英语成绩在班上是中下游，为了提高英语成绩，培养阅读兴趣，他想找一些适合自己水平的课外读物，最好是有趣的英文故事。他可以这样向 DeepSeek 提问：

> 我是一名四年级的学生（自我介绍），我的英语成绩在班上是中下游（如实描述自己的英语水平）。为了提高成绩，培养阅读兴趣（描述想要达到的目的），我想找一些适合自己水平的英语课外读物，如有趣的英文故事。请你给我一些参考（需求说明）。

DeepSeek 为他生成了一些适合他的英语课外读物，如图 5-15 所示，这样他就可以自行去查找阅读了。

> 以下是适合四年级学生、有趣且难度适中的英语课外读物推荐，分为不同类别方便你选择：
>
> 📖 分级阅读系列（从易到难）
> 1. 《Fly Guy》（《苍蝇小子》）
>   - 特点：搞笑苍蝇男孩的冒险，每页1-2句简短对话，配夸张插图。
>   - 亮点：学日常用语（如 "Let's be friends!"），适合刚开始读章节书的学生。
> 2. 《Magic Tree House》（《神奇树屋》）
>   - 特点：兄妹穿越时空的冒险（恐龙、金字塔等），蓝思值约 350L~500L。
>   - 亮点：每本书学一个历史/科学主题单词（如 "fossil" "pyramid"），附趣味知识页。
> 3. 《Dog Man》（《狗侦探》）（漫画）
>   - 特点：半狗半人的警察破案故事，无厘头对话和气泡文字。
>   - 亮点：通过表情符号学情绪词汇（"angry" "surprised"），适合讨厌长段文字的孩子。

图 5-15 DeepSeek 生成英语课外读物示例（节选）

DeepSeek 帮你改编与创作故事

如果你觉得有些英语故事不够好,那你可以进行改编,或者也可以创作一个新的故事。这不仅能提高你的英语运用能力,还能激发你的创造力。如果你无从下手,DeepSeek 可以给你一些启发。

例如,一名六年级的同学想用英语创作一个关于流浪小猫的故事。动笔之前,他只确定了小猫的外貌和性格特征,但具体的情节还没有想法,他可以这样向 DeepSeek 提问:

我是一名六年级的学生（自我介绍）,我想用英语创作一个关于流浪小猫的故事（描述故事主题）,目前我只确定了小猫的外貌和性格特征,它是一只小黑猫,勇敢、聪明（已知方面）,但我不知道怎样展开情节（未知方面）。请你给我一些启发,要求使用简单英语词汇输出内容（需求说明）。

DeepSeek 为他提供了一些故事情节方面的参考,如图 5-16 所示。

🔆 情节灵感一: The Night Rescue（夜晚救援）
故事梗概:
1. Problem（问题）
Every night, Midnight sees a little white kitten stuck in a tall tree. The kitten is too scared to come down.
（每晚,Midnight 都看到一只小白猫被困在高高的树上。小白猫吓得不敢下来。）
2. Action（行动）
Midnight climbs the tree slowly. She meows softly to calm the kitten.（Midnight 慢慢爬树。她轻声喵叫安抚小白猫。）
3. Trick（妙招）
She finds a broken mirror on the ground. Using moonlight, she makes bright spots to guide the kitten step by step.
（她发现地上有块破镜子。利用月光,她制造光点引导小白猫一步步下来。）

图 5-16 DeepSeek 生成的故事情节示例（节选）

把故事搬上舞台

尝试和大家一起把故事改编成短剧搬上舞台吧！这有助于我们加深对故事内容的理解和记忆，还能锻炼口语表达能力和团队合作精神。

例如，文艺晚会上，五年级三班的同学们要合作演一部英语舞台剧，他们选择了经典童话《The Three Little Pigs》。具体怎么做？他们可以这样向 DeepSeek 提问：

我们是五年级的学生（自我介绍），要合作演一部英语舞台剧（描述目的），内容是经典童话《The Three Little Pigs》（如果是著名故事，交代名字即可；如果不是，就要介绍故事内容）。演出时长为半小时（说明演出时长）。我们现在具体要做些什么？请你给我们一些启发（需求说明）。

> 📋 **第一阶段：剧本简化与角色分配（1周）**
>
> **1. 精简剧本**（示例台词）
> - 大灰狼（Wolf）：
>   "Little pigs! Let me in!（拍门动作）"
>   "Then I'll huff, and I'll puff, and I'll blow your house down!（叉腰吹气）"
> - 小猪们（Pigs）：
>   第一只小猪："Straw is easy!（懒散躺下）"
>   第三只小猪："Bricks are strong!（举哑铃动作假装搬砖）"
>
> **2. 角色分配建议（10~15人）**
>
> | 角色 | 人数 | 道具/任务 |
> |---|---|---|
> | 三只小猪 | 3 | 戴不同颜色耳朵头饰（粉/蓝/黄） |
> | 大灰狼 | 1 | 灰色披风+狼爪手套 |
> | 旁白（Narrator） | 2 | 举台词提示板，用夸张语调读关键句 |
> | 稻草/木头/砖头 | 3组 | 举纸板房子（每组3人，举房顶、墙、门部件） |
> | 风 | 3-4 | 吹泡泡机+蓝纱巾，狼吹气时跑动制造"风"的效果 |
>
> 备用角色：森林小动物（举树形纸板背景）、观众互动引导员（带鼓掌牌）

图 5-17　DeepSeek 生成的英语舞台剧流程示例（节选）

DeepSeek 为他们提供了演英语舞台剧方面的参考流程，如图 5-17 所示，内容涉及剧本简化与角色分配、道具与服装制作等方面。

创造或模拟真实对话场景,让口语水平突飞猛进

你有没有过这种情况?单词也记住了,语法也弄懂了,可是一到要说英语时,就卡壳了。为什么会卡壳,原因主要是日常缺乏真实的英语对话场景,缺乏语言环境。

缺乏语言环境可能会产生以下一些问题。

首先,缺乏实践机会,难以将所学知识运用到实际交流中。

其次,学习过程可能变得枯燥,缺乏趣味性和互动性,影响学习积极性和兴趣。

此外,可能无法有效锻炼语言思维和反应能力。同时,由于缺乏实际交流的体验,可能无法克服语言障碍,缺乏自信心,害怕开口。

怎么办？难道只能去那些以英语为母语的国家生活吗？别着急，创造或模拟真实的英语对话场景，也能有效提高英语口语水平，改善上面所说的那些问题！

具体可以创造或模拟哪些场景？我们从生活实际出发，跟随 DeepSeek 的脚步，一起去看看。

校园生活类

我们大部分时间都在校园里度过,这一类场景不需要模拟,直接选择一个搭档,全天和他创造真实的英语对话场景就行了。

例如,一名五年级的同学邀请他的好朋友一起用英语对话,因为是第一次尝试,他们也会遇到卡壳的情况。为了沟通更顺畅,他可以这样向 DeepSeek 提问:

我是一名五年级的学生(自我介绍),为了锻炼英语口语(描述想要达到的目的),我邀请了好朋友惠惠一起在学校里用英语日常对话(交代人员、场景等)。因为是第一次尝试,我们在说英语时会卡壳(描述问题)。为了沟通更顺畅,请你生成一些简单的校园日常对话,要用英语表达(需求说明),供我们参考练习。

DeepSeek 为他生成了一些校园生活日常对话参考,如图 5-18 所示,供他参考练习。

当然可以!以下是一些简单的校园日常对话,适合你和惠惠在学校里练习英语口语。这些对话内容简单易懂,适合五年级学生使用。希望你们能通过练习更加自信地用英语交流!

1.早上见面打招呼

A: Good morning, Huihui!
B: Good morning! How are you today?
A: I'm fine, thank you. And you?
B: I'm fine, too. Let's go to class together!

2. 课间休息聊天

A: Hi, Huihui! Do you have any plans for the weekend?
B: Hi! Yeah, I might go to the library. How about you?
A: I want to play basketball with my brother. It's fun!
B: Oh, that sounds great! I love sports too.

3. 在图书馆借书

图 5-18 DeepSeek 生成的校园生活日常对话示例(节选)

家庭日常类

除了学校,家是我们常驻的"港湾",我们可以和家人用英语对话。如果家人不会说,我们可以自问自答,或者和虚拟助手(如小爱同学、天猫精灵等)对话,还可以想象和家人对话,用英语表达自己的想法。

例如,一名六年级的同学想在家里用英语对话,但他的家人都不会,于是他决定自问自答,同时扮演两个人物角色。具体怎么展开?他可以这样向 DeepSeek 提问:

我是一名六年级的学生(自我介绍),为了锻炼英语口语(描述想要达到的目的),我想在家里用英语对话,但家人都不会,我决定自问自答,同时扮演两个人物角色(交代场景、人员等)。具体可以从哪些方面展开(描述问题)?请你生成一些简单的家庭日常对话,要用英语表达(需求说明),供我参考练习。

DeepSeek 为他生成了一些家庭日常对话参考,如图 5-19 所示,供他参考练习。

以下是为你设计的家庭日常英语对话练习模板,包含不同场景的简单对话,适合自问自答扮演双角色。每个对话标注角色切换提示,并附中文翻译参考:

场景一:早餐时间(Breakfast Time)
角色A:妈妈(Mom)/ 角色B:孩子(You)
Mom: "Good morning! Do you want toast or porridge today?"
(早上好!今天想吃吐司还是粥?)
You: "Toast, please! Can I have strawberry jam?"
(吐司,谢谢!能加草莓果酱吗?)
Mom: "Sure! Don't forget your milk. It's getting cold."
(当然!别忘了牛奶,快凉了。)
You: "Okay! Thank you, Mom!"
(好的!谢谢妈妈!)

图 5-19 DeepSeek 生成家庭日常对话示例(节选)

社会实际生活场景类

除了在学校和家里创造或模拟真实的英语对话场景，还可以通过模拟社会实际生活场景进行练习，如超市购物实践、公交出行问答、图书馆借书、紧急求助等。

例如，一名六年级的同学想在社会实际生活场景中模拟英语对话，他决定自问自答，同时扮演两个人物角色。但他不是很清楚不同的社会场景中有哪些通用的句式，他可以这样向 DeepSeek 提问：

我是一名六年级的学生（自我介绍），为了锻炼英语口语（描述想要达到的目的），我想在社会实际生活场景中模拟英语对话，我决定自问自答，同时扮演两个人物角色（交代场景、人员等）。不同的社会场景中，有哪些可以通用的句式（描述问题）？请你生成一些简单的社会实际生活场景对话，要用英语表达（需求说明），供我参考练习。

DeepSeek 为他生成了一些社会实际生活场景对话参考，如图 5-20 所示。

以下是为五年级学生设计的社会实际生活英语口语模拟场景，覆盖日常生活高频场景，包含具体对话示例和练习方法，所有句子简单实用，适合小学英语水平：

🛒 场景一：便利店购物（Convenience Store）
情境：买零食、询问价格、找零
对话示例：
You: "Excuse me, where is the chocolate?"
（请问巧克力在哪里？）
Shopkeeper: "On the second shelf, next to the cookies."
（在第二层架子，饼干旁边。）
You: "How much is this lollipop?"
（棒棒糖多少钱？）
Shopkeeper: "Two yuan. Do you need a bag?"
（两元，需要袋子吗？）
You: "No, thanks. Here's five yuan."
（不用，谢谢。给您五元。）

图 5-20　DeepSeek 生成家庭日常对话示例（节选）

六
让亲子交流更顺畅

01 DeepSeek,教育方法大师

作为家长的你,是否有过这样的时刻?题目讲了3遍,孩子还在玩橡皮,你急得拍桌子吼"不写完不准睡觉",结果孩子哭了,你又心疼地改口"写完这一题咱们就睡觉"。辅导作业的夜晚,你总在"逼着学"和"求着学"之间反复跳转。出现这样的情况,归根结底是孩子的学习兴趣不够。

家长要怎样教育孩子

前面的章节中已经给孩子介绍了提升学习兴趣的方法,那作为家长的我们,还可以怎样去教育孩子呢?

首先,锻炼孩子的思维能力。思维能力强的孩子,数学题能举一反三,和同学闹矛盾也能冷静分析。

其次,提升孩子的生活能力。会收拾书包的孩子,房间就不会乱糟糟;能在家帮家长洗碗扫地的孩子,住校后就不会把脏袜子攒成堆。生活能力不是"长大就会",得从小练起。

最后,家校协同。老师在校教知识,家长在家抓习惯,家校拧成一股绳,就能养出好苗子。

那么要如何锻炼孩子这些方面的能力呢？别着急，我们可以让 DeepSeek 这位"教育方法大师"根据孩子的具体情况，提供针对性的方法。

锻炼孩子的思维能力

前面已经提到，思维能力强的孩子，不仅能够在学习过程中举一反三，还能在和同学产生矛盾时冷静分析，所以锻炼孩子的思维能力至关重要，那具体要如何做呢？我们可以把自家孩子的具体情况告诉 DeepSeek，它会给出切实可行的方法。

例如，一位家长通过观察自家孩子的表现，发现孩子平时十分粗心大意，无论是在学习中，还是在生活中，总是犯错，但是他好奇心非常旺盛。这位家长可以这样向 DeepSeek 提问：

我是一位家长（自我介绍），我家孩子目前在读小学三年级，他平时十分粗心大意，无论是在学习中，还是在生活中，总是犯错。但孩子对学习之外的事都非常好奇，有时候观察蚂蚁搬家都能观察一整天，还喜欢在逛超市的时候问东问西（详细情况说明）。请根据我家孩子的情况，提供一些能够锻炼他思维能力的方法（具体需求）。

DeepSeek 根据这位家长的具体情况，为他提供了一些锻炼他家孩子思维能力的方法，如图 6-1 所示。

根据孩子的特点和兴趣，以下是一些针对性的思维能力锻炼方法，既能利用他的好奇心，又能逐步改善粗心问题：

一、利用自然观察培养科学思维

1. 观察实验记录法

• 当他观察蚂蚁时，引导他记录"蚂蚁搬家的路线、速度、合作方式"，用表格或图画整理观察结果，结束后与他讨论"蚂蚁为什么会排队？它们如何沟通？"

• 作用：锻炼观察力、逻辑归纳能力，培养科学探究习惯。

图 6-1　DeepSeek 为家长提供的锻炼孩子思维能力的方法示例（节选）

六　让亲子交流更顺畅

提升孩子的生活能力

思维能力是一方面，生活能力也是一方面。家长要让孩子从小就养成好的生活习惯，如洗碗扫地、整理衣物等。可别小看这些小事，它们能让孩子做事有条理，将来生活上自理能力更强。那么要怎样提升孩子的生活能力呢？我们依然可以结合孩子的具体情况来向 DeepSeek 提问。

例如，一位家长希望让自己即将上小学的孩子养成好的生活习惯，他可以这样向 DeepSeek 提问：

我是一位家长（自我介绍），我家孩子马上就要上小学了，我希望他能从现在开始，慢慢养成好的生活习惯（详细情况说明），请为我提供一些方法（具体需求）。

DeepSeek 根据这位家长的具体情况，为他提供了一些养成孩子良好生活习惯的方法，如图 6-2 所示。

以下是为即将上小学的孩子量身定制的系统化习惯养成方案，结合生活场景循序渐进培养孩子的独立性、责任感和规律意识，帮助孩子自然过渡到小学生活：

一、用"游戏化规则"建立生活仪式感
  1. 时间管理沙漏挑战
   - 准备不同时长（15/30分钟）的彩色沙漏，制订"沙漏挑战清单"：
     - 晨间任务：黄色沙漏内完成穿衣、刷牙、叠被（家长先示范标准动作）
     - 整理任务：用蓝色沙漏挑战"5分钟内把玩具送回家"
   - 进阶玩法：让孩子手绘"沙漏任务进度表"，每完成10次兑换1次小特权（如决定周末早餐菜单）
  2. 家庭小管家轮值制度
   - 每周设定1天为"小管家日"，让孩子负责：
     - 餐前准备：按人数摆放碗筷（数学启蒙：4人需要几根筷子?）
     - 植物护理：记录多肉浇水周期，画太阳符号标记日照日期

图 6-2　DeepSeek 为家长提供的养成孩子良好生活习惯的方法示例（节选）

家校协同：做智慧的合作者

教育就像炒菜，家校配合得掌握火候。老师在校教知识，家长在家抓习惯，双方合力，才能让孩子全面发展。家长们还要记住不要学校"减负"你"加码"，老师布置劳动任务你包办，两股劲儿反着使只会"扯疼"孩子。家校只有拧成一股绳，才能让孩子茁壮成长！具体的家校合作的操作方法可以让 DeepSeek 告诉我们。

例如，一名三年级孩子每天有听睡前故事的习惯，但最近老师要求他每天阅读课上推荐的课外书。这样一番操作，孩子的睡觉时间就被推后了。为了在完成老师任务的前提下保证孩子的睡眠时间，这名孩子的家长可以这样向 DeepSeek 提问：

> 我是一名三年级学生的家长（自我介绍），我家孩子每天有听睡前故事的习惯，但最近老师要求他每天阅读课上推荐的课外书，这就导致我家孩子的睡觉时间被推后了（详细情况说明）。请给我提供一些方法，把孩子听睡前故事的时间和阅读课外书的时间结合起来（具体要求）。

DeepSeek 根据这位家长的具体情况，为他提供了一些方法，如图 6-3 所示。

> 将听睡前故事和课外阅读结合起来是个很棒的主意，既能满足老师的要求，又能保留孩子喜爱的睡前仪式。以下是几种具体方法，您可以根据孩子的性格和阅读能力灵活调整：
>
> 1. 分段式混合阅读
>   - 操作：将时间分为两部分，比如15分钟阅读课外书（孩子自读）+10分钟听睡前故事（家长读）。
>   - 技巧：
>   ○ 先让孩子读课外书中较简单的段落，再过渡到亲子共读。
>   ○ 如果孩子累了，可以互换顺序：先听温馨的睡前故事放松，再鼓励他"给妈妈读一小段今天学的书"。

图 6-3 DeepSeek 为家长提供的听睡前故事和阅读打卡相结合的方法示例（节选）

亲子趣味游戏设计

生活中其实有很多我们可以利用起来提升孩子各方面能力的亲子活动，这些看似平常的活动，不但能锻炼孩子的能力，还能增进亲子关系。作为家长，我们要学习的是如何让孩子在与我们的亲子活动中，自然而然地得到锻炼。

家长可以锻炼孩子哪些能力

观察能力、逻辑能力、动手能力是孩子成长的关键基础能力。

观察能力：帮助孩子捕捉细节、理解环境变化，为学习与探索提供信息基础。

逻辑能力：培养分析问题、梳理因果关系的思维习惯，提升解决复杂问题的效率。

动手能力：通过实践将想法转化为行动，强化实践能力和抗挫折意识。

这 3 项能力相互支撑——观察能力获取信息，逻辑能力整理思路，动手能力验证结果。

从小系统地培养孩子这 3 个方面的能力，能让孩子在学习中减少粗心，在生活中快速应对突发状况，为未来自主解决问题奠定坚实的基础。

观察能力特训

我们在日常的亲子活动中要如何锻炼孩子的观察能力呢？一起来看看 DeepSeek 是怎么说的吧！

例如，一位家长是自由职业，工作时间比较自由，所以他承担了带孩子的任务。现在这位家长想要以家里的客厅和阳台为活动范围，策划一些能够提升孩子观察能力的亲子活动，他可以这样向 DeepSeek 提问：

我是一名二年级学生的家长（自我介绍），我是自由职业，工作时间比较自由，我想以自家的客厅和阳台为活动范围，和孩子进行一些能够提升他观察能力的亲子活动（详细情况说明），请为我设计一些这方面的亲子活动（具体要求）。

DeepSeek 根据这位家长的具体情况，为他设计了一些亲子活动，如图 6-4 所示。

一、阳台小侦探
  1. 植物找不同
    • 准备：选两盆差不多的绿植（比如绿萝）
    • 玩法：
  ①每天早晨让孩子用放大镜看叶子，找哪片叶子有新的变化（比如黄点、小虫）
  ②用贴纸标记变化的位置，周末数一数哪盆植物变化多
  2. 云朵变变变
    • 玩法：
  ①和孩子躺在阳台垫子上看云，比赛说云像什么（比如"棉花糖""恐龙"）
  ②用手机拍下云的照片，晚上对比早晨和下午拍下的云哪里不一样

二、客厅观察赛

图 6-4 DeepSeek 为家长设计的亲子游戏示例（节选）

六 让亲子交流更顺畅

逻辑能力提升

逻辑思维能力不是天生的本事,而是家长在日常互动中帮孩子练就的"脑力工具箱"。通过恰当的亲子活动设计,能让孩子的逻辑能力得到提升。

例如,还是上面的那位家长,他想要利用孩子平时在家和在超市中的活动,来和孩子进行一些能够提升孩子逻辑能力的亲子游戏,他可以这样向 DeepSeek 提问:

我是一名二年级学生的家长(自我介绍),我是自由职业,工作时间比较自由,我想利用孩子平时在家和在超市中的活动,和孩子进行一些能够提升他逻辑力的亲子游戏(详细情况说明),请为我设计一些这方面的游戏(具体要求)。

DeepSeek 根据这位家长的具体情况,为他设计了一些亲子游戏,如图 6-5 所示。

以下是为二年级孩子设计的"生活逻辑能力训练方案",利用家庭和超市场景,通过游戏化互动锻炼孩子分类、推理、策略等核心逻辑能力,每天20分钟轻松玩出思维力:

一、家庭逻辑实验室
1. 袜子侦探社(分类能力)
   - 玩法:
   ①把全家人袜子混入洗衣篮
   ②孩子需按"颜色深浅→图案类型→主人"三级分类
   ③完成后用晾衣夹做分类标记(如蓝色夹子=爸爸的袜子)
   - 升级版:加入干扰项(手套、袖套)提升辨别难度
2. 蔬菜迷宫挑战(空间推理)
   - 材料:胡萝卜条、青豆、牙签
   - 任务:
   ①用牙签连接蔬菜搭建立体迷宫
   ②放入小番茄当"宝石",用吸管吹气引导番茄滚动通关

图 6-5 DeepSeek 为家长设计的亲子游戏示例(节选)

动手能力培养

在很多事情中,动手实践都起着重要作用。动手能力强的孩子,在搭积木时懂得加固底座,做实验时会不断调整步骤直到成功。我们在平时的亲子活动中,不仅要提升孩子的观察能力、逻辑能力,还要提升他们的动手能力,给他们多创造动手机会,培养他们的实践能力和解决问题的能力。

例如,一位家长想要结合厨房里的具体事物让已经六年级的孩子了解一些基础的化学知识,他可以这样向 DeepSeek 提问:

> 我是一名六年级学生的家长(自我介绍),想利用厨房中的具体事物让孩子了解一些基础的化学知识(详细情况说明),请给我设计一些这方面的化学实践活动(具体要求)。

DeepSeek 根据这位家长的具体情况,为他设计了一些化学实践活动,如图 6-6 所示。

二、氧化还原反应
实验:苹果变色侦探
- 材料:苹果、盐水、蜂蜜、柠檬汁
- 对比观察:

处理方式	1小时后	化学原理
裸露切片	褐变	酚类氧化
涂柠檬汁	不变色	VC抗氧化
泡盐水	微黄	钠离子抑制酶活性

- 深度探索:测试不同浓度盐水对褐变的延缓效果

三、物质状态变化

图 6-6 DeepSeek 为家长设计的化学实践活动示例(节选)

孩子学习进度全跟踪

在辅导孩子学业的过程中,或许您也有过这样的体验:孩子平时学习挺认真的,但学习进度总是比较慢,很容易影响学习成绩。作为家长,也想给孩子提供有益的帮助,却不知从何下手。

那么,我们先来分析影响孩子学习进度的原因。

原因一:基础知识不牢。 很多孩子在一开始打基础时,学的知识不够牢固,后面综合运用知识时就会经常出现运用不熟练的情况,导致学习效率低。

原因二:学习习惯不好。 不好的学习习惯很容易形成恶性循环,从而影响学习进度。

原因三:注意力不集中。 课堂上,如果孩子没有集中注意力听课,就会很容易错过或漏掉重要的知识点,影响学习进度。

别担心,DeepSeek 可以帮助您解决这些问题,助力孩子把握好学习进度。

数据化记录学习轨迹

日常学习轨迹总是难以追踪,很多时候孩子也记不清自己学到哪里了。这时我们可以让 DeepSeek 为您的孩子生成数据化学习记录,让学习进度有章可循。

例如,一名小学三年级学生的家长,他的孩子经常混淆数学知识点,容易粗心大意,不知道怎样对已经学过的知识进行分类记忆。他想让 DeepSeek 帮助孩子建立学科档案,生成数据化学习记录,以便有效追踪孩子的学习轨迹。他可以这样向 DeepSeek 提问:

> 我是一名小学三年级学生的家长(自我介绍),我的孩子经常混淆数学知识点,容易粗心大意,不知道怎样对已经学过的知识进行分类记忆(情况说明)。请帮我的孩子建立学科档案,生成数据化学习记录,追踪孩子的学习轨迹(具体需求)。

DeepSeek 为他生成了小学三年级的数据化学习轨迹记录方案,如图 6-7 所示。

一、学科档案模板设计(分科示例)

数学档案表

知识点分类	掌握程度☆	常见错误类型	错题编号	针对性练习
三位数加减法	★★☆ (2/3)	进位漏算(粗心)	#003,#007	[进位标记练习]
时分秒换算	★☆☆ (1/3)	混淆60分钟=1小时(概念混淆)	#012,#015	[钟表互动游戏]
周长计算	★★☆ (2/3)	单位漏写(粗心)	#022	[单位自查清单]

语文档案表

知识点分类	混淆高频词	记忆口诀♪	错题案例
形近字区分	未-末/晴-睛	"未上短,末上长;有日才是晴,有目才能睛"	听写#5错"未来"→"未来"

图 6-7 DeepSeek 生成的数据化学习轨迹记录方案示例(节选)

生成可视化学习报告

怎样将已掌握和未掌握的知识点明确地区分出来？DeepSeek 可以通过分析孩子的错题，归纳出易错点、难点，从而了解孩子对各个知识点的掌握情况，针对有关学习情况生成可视化学习报告，让您对孩子掌握知识的情况一目了然。

例如，一名小学生的家长，他的孩子本次数学考试成绩不太好，但他不清楚孩子此次数学考试中知识点的薄弱处和比较擅长处。他先上传试卷的照片，再可以这样向 DeepSeek 提问：

我是一名小学生的家长（自我介绍），这是我孩子的数学考试试卷（上传照片），请根据他的答题情况，分析他在哪些知识点方面比较擅长，哪些知识点比较薄弱（具体需求）。

DeepSeek 根据试卷内容和答题情况，为他生成了可视化学习报告，如图 6-8 所示。

孩子数学考试知识点分析
一、表现较好的知识点
1. 基础乘法运算
    ◦ 第2题（6x19的积位数判断）、第6题（62x15计算）均正确，显示熟练的乘法计算能力。
2. 估算与实际应用
    ◦ 第3题（估算电影票价格）和第6题（电梯载重判断）正确，说明能将数学应用于生活场景。
3. 方向识别与空间思维
    ◦ 生活情境题（根据夕阳判断方向）正确，体现方向感和实际观察能力。
4. 速度比较与单位时间计算
    ◦ 第7题（跳绳速度比较）正确，能够计算并比较单位时间内的数值。
5. 排列组合与最大积计算
    ◦ 第10题（用3,3,4,5组成最大两位数乘积）正确，展现较强的数感和策略思维。

图 6-8　DeepSeek 生成的可视化学习报告示例（节选）

定制化学习方案

每个孩子适合的学习方法不一定相同，有的孩子更理性，有的孩子更感性。只有找到适合的学习方法，才能帮助孩子成长。DeepSeek 可以根据个人习惯，定制差异化的学习方案。

例如，一位家长的儿子读五年级，喜欢数学，平时喜欢逻辑性思考；他的女儿则喜欢英语，平时喜欢形象化思考，他希望 DeepSeek 根据两个孩子的情况，提供不同的学习方案。他可以这样向 DeepSeek 提问：

我是两名小学生的家长（自我介绍），儿子读五年级，喜欢数学，平时喜欢逻辑性思考；女儿喜欢英语，平时喜欢形象化思考（情况说明）。请根据两个孩子的情况，提供不同的学习方案（具体需求）。

DeepSeek 根据两名孩子的具体情况，生成了定制化的学习方案，如图 6-9 所示。

儿子（五年级/逻辑型数学学习者）
1. 思维训练组合包
   - 每日15分钟"烧脑挑战"：数独（从四宫格过渡到六宫格）+七巧板图形推理（用《空间思维大挑战》系列）
   - 每周2次"编程实验室"：Scratch制作数学游戏（如质数射击游戏），过渡到Python解奥数题
2. 数学探索工具箱
   - 主题式研究：每月一个生活数学课题（如超市价格策略分析/小区停车位优化方案）
   - 竞赛预备营：用《高思导引》搭配可汗学院竞赛课程，每天1道三星题+周末5题闯关
3. 家庭互动方案
   - 周六"桌游之夜"：轮流选择数学桌游（Rush Hour/达芬奇密码/几何雷阵）
   - 生活应用题库：制作家庭旅行预算表/测算外卖平台优惠策略

女儿（形象化英语学习者）

图 6-9 DeepSeek 生成的定制化学习方案示例（节选）

孩子未来的规划建议

对于小学阶段孩子的家长而言,根据孩子的特点来规划未来具有极其重要的意义。这不仅关乎孩子当下的学习和成长,更将对其一生的发展产生深远影响。

具体体现在以下方面。

1. **促进孩子个性化成长**:促进孩子的个性化发展、发现孩子的兴趣与天赋、培养孩子的自信心。

2. **助力孩子学业发展**:合理安排学习路径,培养良好的学习习惯。

3. **助力孩子未来适应**:有助于孩子适应社会和未来的职业发展。

4. **促进家庭和谐关系**:促进家庭和谐,增强亲子关系。

但是,在孩子的成长道路上,许多家长常常感到迷茫与无助。面对孩子未来的规划,他们不知从何下手。有的家长因自身经验不足,难以洞察孩子的兴趣与潜力;有的则在繁杂的教育信息中迷失方向,不知如何为孩子选择适合的道路。这种困惑与焦虑,让家长们在孩子的未来规划上举棋不定,急需找到正确的方法来为孩子指引方向。

助力孩子规划未来

每个孩子都有独特的性格和兴趣,这些特质如同他们手中的画笔,绘就未来的画卷。如何依据孩子的性格特点和兴趣来规划成长路径,让他们在适合自己的道路上茁壮成长,是每位家长都需要思考的问题。这个问题并不容易解决,究其原因,主要有以下两个方面。

原因一: 家长缺乏对孩子性格和兴趣的深入了解。一方面,家长往往忙于工作和生活琐事,难以抽出足够的时间关注孩子的日常行为和兴趣表现。另一方面,部分家长基于自己的期望或传统观念,忽视了孩子真正的喜好。

原因二: 家长缺乏专业的指导和支持。在教育方法和心理学知识方面,家长可能有所欠缺,不知道如何科学引导孩子发现自己的兴趣和特长。同时,家长也可能因为没机会接触到专业的教育顾问或心理咨询师,从而无法获得科学的指导和支持。

家长们不要着急,让 DeepSeek 来帮助您,一起为孩子的未来助力吧!

深入了解孩子的性格和兴趣

家长怎么深入了解孩子的性格和兴趣呢？当孩子不愿与您沟通，或者您没有机会与孩子深度交流时，可以根据孩子日常的行为表现来思考、推断。

例如，王先生的儿子在读五年级，王先生常年在外忙于工作，很少跟儿子交流，只知道儿子平时话不多，经常看古典小说，如《红楼梦》。他可以这样向 DeepSeek 提问：

> 我是一名五年级男孩的家长（自我介绍），我常年在外工作，很少跟儿子交流，只知道儿子平时比较安静，不太爱讲话，经常看《红楼梦》这类古典小说（描述具体的行为表现）。请你根据他的行为特点，分析一下他的性格和兴趣爱好（需求说明）。

DeepSeek 为王先生实现了他的需求，如图 6-10 所示，还分析了孩子的潜在优势和挑战等实用参考。

一、性格特征分析

1. 内敛敏感型人格
   - 表现：安静少言、偏爱深度阅读、能沉浸复杂文本（如《红楼梦》的宗族关系与诗词意象）
   - 优势：专注力超越同龄人（平均持续阅读时间超1小时）、共情力强（易与书中人物情感共鸣）
   - 潜在挑战：社交主动性不足、情感表达偏含蓄

2. 早慧型认知风格
   - 表现：五年级阅读《红楼梦》（远超教育部推荐5~6年级阅读《西游记》简版的难度）
   - 数据支持：能理解"假作真时真亦假"等哲学隐喻，说明抽象思维达初中水平

3. 高开放型人格
   - 表现：主动选择非同龄主流读物（古典小说vs.流行校园文学）
   - 特质：对传统文化、人性复杂性有天然好奇

二、兴趣图谱推导

图 6-10 DeepSeek 针对孩子的行为表现生成性格和兴趣分析示例（节选）

提供专业的指导和支持

当家长了解自家孩子的性格和兴趣所在后,就可以引导孩子探索与之相关的未来职业领域。

例如,前面提到的王先生在参考了 DeepSeek 给出的分析后,想引导儿子深度发展兴趣爱好,给儿子一些指导和支持,但不知道怎么做。他可以这样向 DeepSeek 提问:

我是一名五年级男孩的家长(自我介绍),我的儿子平时比较安静,经常看《红楼梦》这类古典小说(描述具体的行为表现)。我想引导儿子深度发展他的兴趣爱好,想给他一些针对性的指导和支持,请你给我一些比较专业、实用的方法(需求说明)。

DeepSeek 非常详细地生成了一些可操作的示例方法,给出了十分结构化的实用建议,如图 6-11 所示。

专业培养方案:古典文学兴趣的深度发展路径

一、构建文学知识体系

1. 版本选择与文本精读
   - 推荐版本:选用人民文学出版社的《红楼梦(彩插青少版)》,兼顾原著精髓与适龄改编,配合脂砚斋评点本拓展文学批评视角。
   - 精读方法:每周固定一小时"文本细读会",用三色笔标记(红:人物关系;蓝:诗词意象;绿:伏笔暗线),制作"红楼探秘手账"。

2. 学术工具启蒙
   - 文献检索:教授使用"国学大师"网站检索判词出处(如"金陵十二钗判词"与《推背图》关联)。

图 6-11 DeepSeek 提供的指导和支持示例(节选)

带孩子更好地玩转 AI

当 AI 成为孩子的"全能家教",既能 3 秒解奥数题,又能生成科幻小说时,家长该做"甩手掌柜",任由孩子自由探索 AI,还是做"技术警察"严格监管孩子使用 AI?下面将帮助家长带领孩子更好地玩转 AI,教大家如何安全入门不踩坑,如何避免孩子利用 AI 代写作业,以及如何打破 AI 形成的信息茧房,真正把技术变成通向未来的翅膀,而非困住思维的牢笼。

如何安全入门不踩坑

首先,我们要认真筛选给孩子的 AI 工具。 除了我们主要介绍的 DeepSeek 之外,现在我们身边还有很多功能各异的 AI 工具。家长应引导孩子进行选择。在选择 AI 工具时,要注意版本是否正确,避免下载到非官方且带病毒的版本。还要注意隐私权限,可以关掉必要功能之外的其他权限,以保障隐私。最后,安装后先陪孩子试玩,像试吃新零食一样确保"安全无毒"。

其次,我们要规定 AI 工具的使用规则。 我们可以对孩子使用 AI 工具的时间作出限制,例如,规定每天使用时间不超过 40 分钟(相当于两集动画片的时间);还可以和孩子签订《智能伙伴协议》,例如,用 AI 查作业前必须自己思考 10 分钟,生成的故事要读给家长听。

最后,定期开展亲子共学。 例如,可以每周和孩子玩一次"人机大比拼":家长描述"会飞的乌龟",孩子用 AI 生成图画后,再用彩笔改进细节。如果发现 AI 有画错的地方,可以趁机引导孩子查阅资料对比。如果发现孩子用 AI 写作文,别急着批评,改成"AI 写开头,你改结尾,看谁更有创意"。

如何避免孩子利用 AI 代写作业

为避免孩子利用 AI 代写作业，可以要求孩子在使用 AI 工具前完成以下三个步骤。

1. 在草稿本上写至少 2 个解题思路关键词，如"方程移项""单位换算"。
2. 标注出题目中自己看不懂的词汇或知识点。
3. 预估完成时间并设定闹钟，如 30 分钟。

例如，有名六年级的同学按照以上步骤做完了一道计算利润率的数学题，但他不太确定利润率的计算公式，那他就可以先记下这个知识点，然后向 DeepSeek 提问来验证思路：

我是一名六年级的学生（自我介绍），对于"甲种运动器械进价 1200 元，按标价 1800 元的 9 折出售。乙种跑步器，进价 2000 元，按标价 3200 元的 8 折出售，哪种商品的利润率更高些？"中涉及的利润率计算公式这一知识点，我不太熟悉（详细情况说明），请你给出这一题的解题思路，并着重介绍利润率计算公式这一知识点（具体要求）。

DeepSeek 根据这名同学的具体情况，为他着重介绍了解题思路及知识点，如图 6-12 所示。

解题思路及知识点详解
一、利润率计算公式
利润率＝（利润÷进价）×100%
其中：
• 利润＝售价－进价
• 售价＝标价×折扣（如9折=0.9，8折=0.8）

二、分步解题过程
甲种运动器械
1. 计算售价：

图 6-12 DeepSeek 提供的解题思路及知识点详解示例（节选）

如何打破 AI 形成的信息茧房

孩子刷视频总是收到同类推荐？这是 AI 通过"猜你喜欢"功能在构建一张无形的信息网络！如果孩子只看恐龙视频、只听流行歌曲，就好比长期只吃汉堡薯条，营养会失衡。家长要做"信息营养师"，主动带 AI "换口味"！

首先，家长可以给 AI "喂"多样化信息。 家长可以主动设置兴趣标签，定期帮孩子添加一些相对"冷门"的关键词。

其次，家长要当好"信息质检员"。 例如，家长可以跟孩子一起分析 AI 推送的热门视频，像"这个说北极熊灭绝的视频，内容的真实度怎么确定？我们可以从多个权威渠道去查找相关信息进行对比"，以此来让孩子明白网上的信息并不是百分百准确的。

最后，要预防孩子沉迷 AI。 AI 用多了容易"上瘾"。家长要当好"管理员"，一方面要限制孩子每天使用 AI 的时间，另一方面要定期检查 AI 聊天记录，防止孩子使用 AI 代写作业或谈论不合适的话题。